电力行业变电站无人机巡检作业方法

国网浙江省电力有限公司◎编著

DIANLI HANGYE BIANDIANZHAN
WURENJI XUNJIAN ZUOYE FANGFA

图书在版编目（CIP）数据

电力行业变电站无人机巡检作业方法 / 国网浙江省电力有限公司编著 . — 北京 : 企业管理出版社，2024.3

ISBN 978-7-5164-2946-4

Ⅰ . ①电…　Ⅱ . ①国…　Ⅲ . ①无人驾驶飞机－应用－变电所－电力系统运行－巡回检测－作业 Ⅳ . ① TM63

中国国家版本馆 CIP 数据核字（2023）第 184572 号

书　　名: 电力行业变电站无人机巡检作业方法

书　　号: ISBN 978-7-5164-2946-4

编　　著: 国网浙江省电力有限公司

策　　划: 蒋舒娟

责任编辑: 刘玉双

出版发行: 企业管理出版社

经　　销: 新华书店

地　　址: 北京市海淀区紫竹院南路17号　　**邮编:** 100048

网　　址: http://www.emph.cn　　**电子信箱:** metcl @126.com

电　　话: 编辑部（010）68701661　发行部（010）68701816

印　　刷: 北京亿友创新科技发展有限公司

版　　次: 2024年3月第1版

印　　次: 2024年3月第1次印刷

开　　本: 787mm × 1092mm　1/16

印　　张: 12.25印张

字　　数: 249千字

定　　价: 68.00元

编委会

前　言

Preface

随着科技的不断进步，无人机技术在电力行业的应用越来越广泛。变电站无人机巡检作为一种新型的运维手段，具有效率高、成本低、无死角等特点，已经成为传统人工巡检的重要补充。然而，由于缺乏统一的作业标准和方法，无人机巡检在推广应用中遇到了许多问题，例如作业流程不规范、设备安全性难以保证、数据质量参差不齐等。这些问题不仅影响了无人机巡检的效果，还可能给电力设备的运行带来安全隐患。因此，探讨形成一套标准化的无人机巡检作业方法显得尤为必要。

在此背景下，国网浙江省电力有限公司组织电力行业专家，在广泛调研的基础上结合变电站无人机现场作业经验编写了《电力行业变电站无人机巡检作业方法》一书，旨在为电力企业提供一套科学、规范的无人机巡检作业流程，提高无人机巡检的效率和准确性，保障电力设备的安全稳定运行。

本书共分为6章，主要讲解巡检作业要求及流程、可见光巡视作业方法、红外检测作业方法、自主巡检作业方法、航线规划作业方法、巡检数据管理等，内容全面，能够为有效地降低变电站无人机巡检作业风险、提高巡检质量提供支撑。

我们希望读者能够通过阅读本书了解并掌握无人机在变电站的作业方法，在实际工作中获得有效的指导和帮助。同时，我们也希望本书能够激发更多的创新和探索，推动无人机巡检技术在电力行业的进一步发展。

本书的编写得到国网湖南省电力有限公司、国网江苏省电力有限公司等单位领导和专家的大力支持，也参考了一些业内专家和学者的著述，在此一并表示感谢。无人机应用发展迅速，书中内容可能有所欠缺，恳请读者理解，并衷心希望广大读者提出宝贵的意见和建议。

目 录

CONTENTS

第一章

变电站无人机巡检作业要求及流程

第一节　变电站无人机巡检作业要求

一、人员要求

①操控小型及以上无人机的人员应取得相应民用无人驾驶航空器操控员执照，操控微型、轻型无人机的人员无须取得操控员执照。

②所有无人机操控人员均经培训中心实训，成绩合格后方可参加变电站无人机作业。

③作业人员应具有两年及以上变电站运维检修工作经验，应掌握变电站运维检修专业知识，熟悉航空、气象、地理等方面的必要知识，遵守电力安全工作规程的相关规定及要求。

④作业人员应熟悉与专业相关的无人机巡检系统结构原理和技术特点，掌握系统操作技能。

⑤作业人员每年应接受无人机巡检系统技术技能培训，培训内容包括变电站运维检修要求和无人机巡检操作、日常维护、异常处置等。

⑥变电站无人机作业人员必须符合安全准入要求并具备相应作业资格，持有出入证或工作证，且出入证作业内容为变电站无人机作业，并提前向站内当值人员进行作业报备。

⑦使用无人机进行变电站巡检作业应至少配置两名作业人员，作业人员应包括工作负责人和工作班成员。

二、设备要求

①各单位应使用出厂合格的无人机装备，并依法进行实名登记，建立齐全的装备清单。

②按需配置存放区域，确保装备完好可用。

③无人机装备的领用、归还应严格履行交接和登记手续，装备应定期维护保养。

④无人机机巢的使用及维护由机巢资产单位负责，可以开展输变配电协同巡检的

机巢，由机巢资产单位制订巡检方案并负责实施。

⑤无人机机巢应定期开展系统信息安全检查，及时更新补丁和杀毒。

⑥小型及以上无人机应当依法投保责任保险。

三、空域要求

①执行作业任务前，各单位应了解变电站所在地管制空域情况，必要时按照有关流程办理空域申请手续。

②在管制空域作业前，各单位应履行空域申请手续，并严格遵守相关规定。未经空中交通管理机构批准不得在非适飞区开展作业。

③各单位获得空域审批或公安许可后，可向无人机生产厂家申请解禁。已解禁无人机执行无人机作业时，使用范围不得超出申请解禁的时间及区域。

四、巡检要求

按照变电站远程智能巡视策略，变电站无人机巡视应以“安全为主、高效协同”为原则，从安全飞行、巡视点位等方面对巡检进行优化。

1.安全飞行策略

（1）减少跨越

考虑设备存在变化的情况，为避免航线不可用或无人机与运行设备碰撞的安全风险，每条航线尽可能少跨越间隔，一般设置1～2个间隔内的设备。

（2）等高作业

考虑站内构架、金具绝缘子等与压变、流变、避雷器不在同一高度，为避免无人机在上下高度往返造成失控风险，采用等高作业法，即每条航线尽可能在同一高度开展设备巡检。

（3）分级分区

考虑站内采用机械作业较为频繁，巡检通道占用概率较大，为避免自主巡检入航点被占用，各电压等级分区域设置入航点及快速入航通道。

2.点位优化策略

根据无人机巡检安全性要求、无人机自主巡检有效时长、工业视频及机器人巡视覆盖范围等三方面因素，将远程智能巡视24类设备设施巡检点位划分为Ⅰ、Ⅱ、Ⅲ三级巡检点位，其中Ⅰ级巡检点位须用无人机巡检，Ⅱ级巡检点位可用无人机巡检，Ⅲ级巡检点位不建议使用无人机巡检。

Ⅰ级巡检点位：避雷针、避雷器、套管、电流互感器、电压互感器、金具绝缘子、母线及引流线、组合电器、构支架及围墙等外观巡检点位。

Ⅱ级巡检点位：标记、刀闸分合位及Ⅲ级设备远距离外观巡检点位。

Ⅲ级巡检点位：电容器、补偿装置、电力电缆、端子箱、电源箱、断路器、电抗器、阻波器、熔断器、隔离开关、接地装置、土建设施、变压器、站用变、隔直装置等本体巡检点位。

五、自主巡检要求

1. 航线分类

依据设备特性、运行情况及巡检航线复杂程度，一般将航线分为Ⅰ类航线、Ⅱ类航线、Ⅲ类航线。

Ⅰ类航线：变电站建筑物顶部、围墙，一般包括护坡、站外排水沟、周边隐患点（大棚）等。

Ⅱ类航线：变电站除电气主设备外的其他附属设备（设施），一般包括跨线、构支架、避雷针等。

Ⅲ类航线：变电站电气主设备，一般包括电压互感器、电流互感器、断路器、隔离开关、套管等。

2. 航线要求

①航线覆盖应满足变电站巡视要求，遵循“安全为主、高效协同”的原则，充分考虑无人机巡检的安全性和必要性。

②航线路径原则上采用纵向和横向直线，总体采用环绕形，并尽量避免穿插往返。

③航线采集应从设备外围开始，再逐步进入设备区，确保航线的安全性。同一条航线应避免跨越多间隔设备，尽量避免因设备改造影响航线范围。

④规划航线时，应结合变电站平面图、全景图及设备现场实际布置状况，合理选择最优路径与航线航点数量。

3. 航点要求

①入航点应根据设备分布或电压等级分区域设置，每个区域宜按设备规模设置航线数。入航点原则上设置在垂直方向上无设备的空旷空间。

②位于航点或辅助点的无人机与变电设备的直线距离原则上应符合设备带电作业工况下的安全距离。

③设置的航点应保证拍摄内容居中、图像清晰。在无遮挡的情况下，宜采用远距

离变焦拍摄。

④应在变电设备斜上方拍摄，禁止在变电设备及通道正上方长时间悬停。

4. 航线管理要求

①无人机自主巡检航线应设专人负责管理，及时禁用或更新发生变化的设备所在的航线或途经该位置的航线。

②自主巡检航线存储内容应包含航线轨迹、覆盖设备、点位设置、规划方式、规划时间、现场校核、适用机型等信息。

③自主巡检航线首次执行前，应进行安全飞行模拟校验和试飞验证。

④自主巡检航线周围设备、环境发生变化后，如影响无人机安全飞行，应重新规划航线并经现场校验合格。

⑤无人机自主巡检作业应使用经现场校核满足安全要求的航线，执行任务前应检查航线通道及机巢环境。

六、作业安全要求

变电站无人机应用应严格执行《国家电网公司电力安全工作规程（变电部分）》等的相关规定，每年应至少组织召开一次无人机应用安全分析会，及时总结无人机应用过程中存在的安全漏洞和管理薄弱环节，结合生产实际，有针对性地制订预控措施，保障作业的安全。

1. 飞前安全检查

①核对操作人员无人机操作资格证书是否在有效期内。

②操作人员必须在工作负责人的组织下（办理变电第二种工作票）开展飞行作业，且熟悉作业内容及流程。

③操作人员必须检查现场环境、遥控器、无人机外观（机身对角尺寸不大于0.5m）、巡检系统，逐项检查系统安全策略设置。

④换流站内直流场区域、35kV设备区域禁止带电开展巡检作业，主变、电抗器、电容器临近区域不宜开展巡检作业，电磁干扰过大影响无人机GPS增稳及磁罗盘区域不应开展无人机作业。

⑤能见度小于100m、风速大于或等于5m/s、现场环境温度高于50℃以及雷雨天气不宜开展巡检作业。

⑥发生导航卫星颗数无法定位、通信链路中断、动力失效等故障，无人机异常时的一键返航策略应设置为保持悬停。

2.作业过程管控

①操作人员应与无人机始终保持足够的安全距离，不应站在无人机航线的正下方，工作地点、起降点及起降航线上应采取避免无关人员进入作业区域的措施。

②无人机与设备间按设备电压等级保持足够的安全距离；保证无人机始终在视距范围内，高度不超过120m；人员与带电设备保持正常活动的安全距离。

③注意监控飞机电量、图传及遥控信号强度、飞行数据（高度、距离、提升及平移速度）等。

④操作无人机缓慢靠近设备，保持平稳飞行，水平飞行速度不大于2m/s，不应长时间在设备上方悬停。

⑤操作人员身体出现不适，其他干扰性因素影响作业，无人机作业时发生故障或遇紧急情况等，应按异常情况处置原则处理。

⑥作业区域出现雷雨、大风等可能影响作业的突变天气时，出现其他飞行器或飘浮物时，应及时采取措施控制无人机作业系统避让、返航或就近降落。

⑦当飞行器出现异常告警，无人机操作人员应迅速终止飞行任务，就近选择安全地点降落，以防坠机事故发生。

⑧当检测系统显示电池电量低于30%，应迅速降低无人机飞行高度，控制无人机返航并在安全区域降落；若返航时电量已无法满足返程，应就近选择安全地点降落，以防坠机事故发生。

⑨巡检过程中如遇突发情况对变电设备造成损坏，应立即停止飞行，及时联系工作许可人。

3.作业设备撤收

①当天作业结束后，应将电池取出，及时对无人机外观及关键零部件进行检查和维护；清理现场时，应核对设备清单，确认现场无遗漏。

②无人机电池应定期充电、放电，确保电池性能良好。

③无人机如长期不用，应定期启动，检查设备状态。如有异常现象，应及时调整、维修。

④及时取出无人机系统中的巡检数据，以防丢失或泄露。严禁私自将巡检数据提供给外单位。

七、数据管理要求

这里所称的“数据”，是指变电站无人机作业所产生的数据。

①数据收集、传输、存储、处理和使用各环节须按照“谁主管谁负责，谁使

用谁负责”的总体原则落实数据安全责任。严禁在公网上存储、传输未经加密的数据。

②无人机自主巡检作业航线库由各资产单位在系统上自行维护及管理。

③作业数据应按照统一规范命名，并落实专人管理。未经批准不得向公司外部单位提供巡检数据。

八、危险点管控

针对无人机巡检作业过程中的危险点，应逐项进行分析并确定相应的安全管控与风险预控措施，危险点与预控措施如表1-1所示。

表 1-1　危险点与预控措施

序号	危险点	预控措施
1	高空坠物	现场应正确佩戴安全帽
2	人员触电	①作业人员应与带电设备保持足够的安全距离：1000kV，≥ 9.5m；500kV，≥ 5m；220kV，≥ 3m；110kV，≥ 1.5m；35kV，≥ 1m。 ②无论高压设备是否带电，作业人员不得单独移开或越过遮栏进行工作
3	无人机伤害	①无人机起飞和降落时，作业人员应与其保持足够的安全距离。 ②作业人员不应站在无人机航线的正下方
4	无人机碰撞变电站设备	①使用前应检查无人机是否正常，打开避障功能。 ②无人机飞行过程中须有监护人进行全程监护，当无人机接近设备时，应及时提醒操控手保持安全距离
5	无人机超出作业范围	①无人机应按照预先规定的安全路径进行飞行巡检。 ②无人机飞行过程中须有监护人进行全程监护，不能超出工作票巡检范围
6	无人机控制信号、定位或无人机受电磁干扰	①作业时无人机应缓慢靠近设备，如出现定位卫星信号丢失或信号微弱、磁罗盘失准或数据传输（图传、数传）信号中断，则手动紧急迫降或迅速远离信号干扰源。在降落过程中注意避开周围障碍物，并与变电站设备保持足够的安全距离。 ②无人机飞行应避开运行中的主变、电抗器及其他强磁场区域，若必须在以上区域作业，应提前测量磁场强度，并与站内其他区域对比，如基本一致则可开展作业
7	无人机坠机	①飞行前应确定无人机桨叶、脚架，电池安装到位，确定遥控器、地面控制终端及无人机电池电量充足，设定合适的安全策略。 ②飞行过程中作业人员应实时监测飞行状态，遇异常状况迅速手动降落。 ③无人机在设备区飞行水平速度不大于 2m/s

续表

序号	危险点	预控措施
8	坠机引发次生灾害	①作业单位应结合实际情况制订应急预案。 ②无人机发生坠机事故后应尽快取回无人机残骸，拔出动力电池，并采取预控措施防止产生次生灾害，记录现场情况
9	突发恶劣天气	作业前应查看当地天气预报，时刻关注天气变化情况

九、异常情况处置

1.设备异常处置

（1）导航定位信号丢失

巡检作业时，若无人机导航定位信号丢失，应立即切换为手动操作飞行模式，控制无人机在安全区域紧急降落，待导航定位信号恢复后方可继续飞行。

（2）避障系统失灵

巡检作业时，若出现无人机避障系统失灵，宜使无人机悬停，重启避障系统，根据巡检环境判定是否继续作业。

（3）通信链路信号丢失

巡检作业时，若通信链路信号丢失，应立即检查无人机是否为悬停状态。非悬停状态下，须人工紧急接管，控制无人机在安全区域紧急降落。悬停状态下，应立即调整遥控器天线角度和方向，使天线朝向垂直于无人机所在位置的平面，以恢复遥控器信号，如1分钟内通信链路恢复至正常状态，可继续执行任务，否则应切换为手动操作飞行，控制无人机在安全区域紧急降落。

（4）图传信号异常

巡检作业时，若无人机图传信号异常，应检查无人机与遥控器的通视情况，调整作业位置，至图传质量恢复正常。若持续1分钟无法恢复，应控制无人机返航。

（5）指南针异常

若无人机指南针异常导致失控，应立即切换为姿态模式，手动控制无人机在安全区域紧急降落，重新校准指南针后方可继续飞行。

（6）无人机坠机

若发生无人机失控坠机事故，应立即上报并妥善处理无人机残骸，示警防止次生灾害发生并疏散周围人员，防止造成人身伤亡。

（7）无人机失联

若无人机通信链路长时间中断，且在预计时间内未返航，应根据无人机失去联系前最后地理坐标、追踪器定位和站内视频等监测信息及时寻找。

2. 特殊工况处置

①巡检作业时，突发大雨、大风、冰雹、浓雾等影响飞行安全的恶劣天气，应及时控制无人机就近降落或返航。

②巡检作业时，若作业区域及附近出现鸟类或其他飞行物，应立即评估巡检作业的安全性，在确保安全后方可继续执行巡检任务，否则应采取避让措施。

③巡检作业时，若作业人员出现身体不适等情况，应及时控制无人机就近降落或返航。

第二节　变电站无人机巡检作业流程

按照现场实际情况，变电站无人机巡检作业一般包含现场踏勘、方案编制、计划申报、工作票签发、工作许可、现场作业、作业监视、航后检查、工作终结、数据处理、报告编制等11个环节，如图1–1所示。

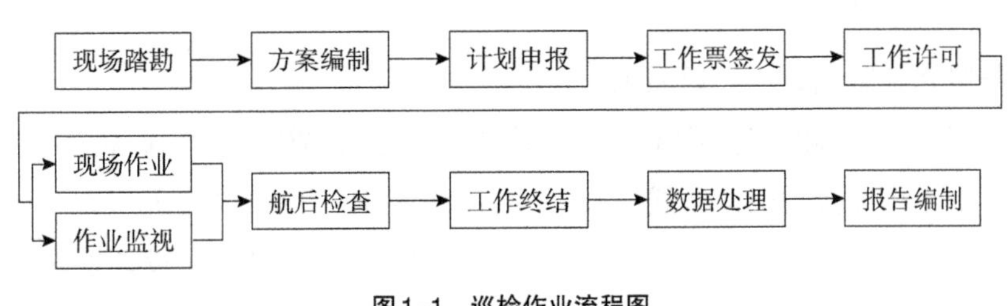

图1–1　巡检作业流程图

一、现场踏勘

对照变电站竣工资料中的平面图，分设备区域、站内建筑、周边环境进行现场踏勘，了解巡检区域设备布置情况，绘制设备点位示意图草图并统计设备点位数，针对无人机巡检范围及设备对象进行逐个确认，包括设备名称及相位、所处位置行数和列数、所处空间位置及周围设备分布情况、初步巡视路线等，以数据和图像的形式形成完整的现场踏勘报告，作为后续巡检方案编制的核心依据。

踏勘对象如下。

1.设备区域

①主变设备区域：完成主变压器高压侧构架、引流线、连接金具、各相套管，中低压侧构架、引流线、连接金具、各相套管，主变压器顶部等设备的空中巡检。

②间隔设备区域：完成母线支柱瓷瓶、连接金具，各间隔的母线刀闸触头、引流线、断路器、电流互感器，出线间隔线路刀闸、避雷器、引流线、门型构架等设备的空中巡检。

③35（10）kV设备区域：完成母线支柱瓷瓶、连接金具，各间隔的母线刀闸触头、引流线、电容器、电抗器等设备的空中巡检。

2.站内建筑

沿主控楼、检修楼、保护小室、水塔等建筑墙体及屋顶绕飞巡检。

3. 周边环境

沿围墙外沿完成外墙墙体、基础、护坡、排水、植被等设施及环境的巡检；沿围墙上方拉升无人机至高空，监控变电站近区飘浮物、易燃易爆物品、超高机械作业等隐患情况。

二、方案编制

根据踏勘内容及绘制的设备点位示意图草图编制巡视方案或作业卡，方案中应明确各设备连接点归属、设备定位定点图、巡检点位命名及清单、巡检路线及工期安排等。

（一）设备连接点归属

1. 设备单元界限划定的一般原则

①设备单元的一次侧接线板或出线接头以内的（含接线板或出线接头），属于本设备单元。

②与本设备相连接的引流线线夹及部分引流线，属于本设备单元。

③设备单元上二次设备、通信、非电气量保护等相关的部件以设备本体单元上的出线端子排（板）为界，出线端子排（板）以内的［含端子排（板）］，属于本设备单元。

2. 各引流线的归属原则

与母线连接的引流线全部属于母线，但该引流线与设备连接的线夹属于所连接的设备（如图1-2所示）；若引流线连接一个设备，则以该引流线上端的线夹为界，该线夹以内（包括该线夹）属于所连接的设备（如图1-3和图1-4所示）；若引流线连接两个设备，则以该引流线中间点为界来明确引流线的归属（如图1-5所示）。

在判断引流线的归属时，首先判断其是否与母线相连（这是第一原则），再判断其是否与其他设备相连。

简单地说，设备单元一般应包括：设备本体，设备配套提供的一、二次附属设施和操作控制设施，规定中明确的其他设施。

3. 各类设备单元的界限划定

（1）变压器

变压器设备单元除变压器本体外，还包括油枕、冷却器、风控箱、气体继电器、非电气量保护装置、变压器有载分接开关在线滤油装置等，但不包括变压器的消防设施、非制造厂配套提供的变压器在线监测装置等。

①变压器所有引出套管（包括各侧电流回路套管、中心点套管、铁芯和夹件的引出套管），接线板以内部分以及与变压器相连的部分引流线（包括线夹）属于变压器范围[①]。

① 套管电流互感器也属于变压器范围。

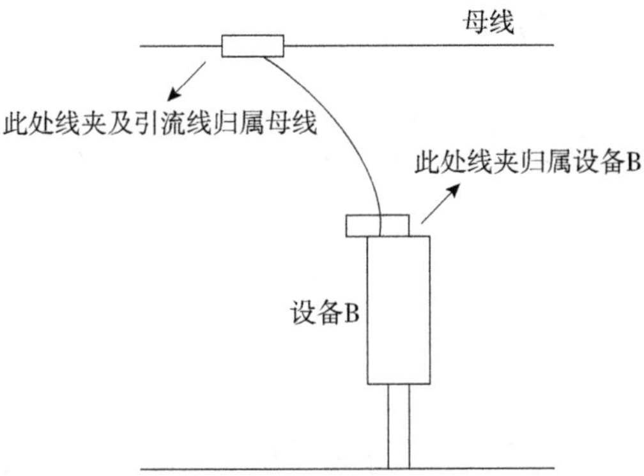

图1-2　引流线归属（一）

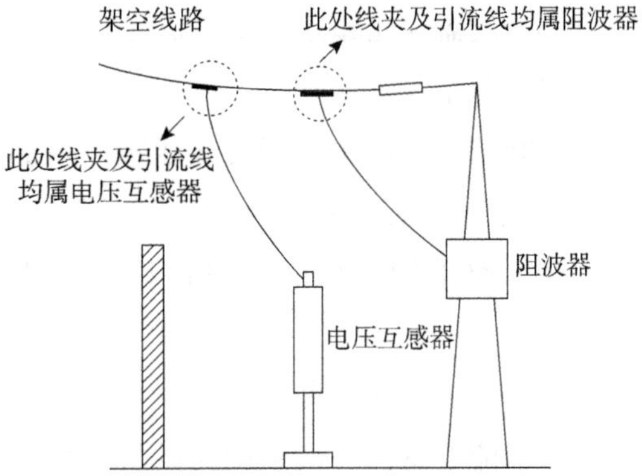

图1-3　引流线归属（二）

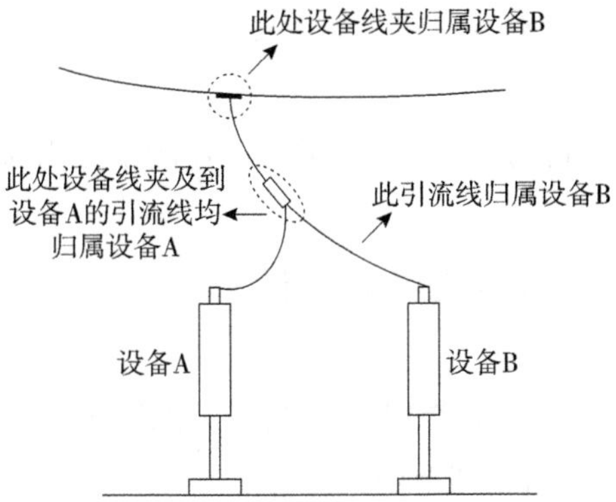

图1-4　引流线归属（三）

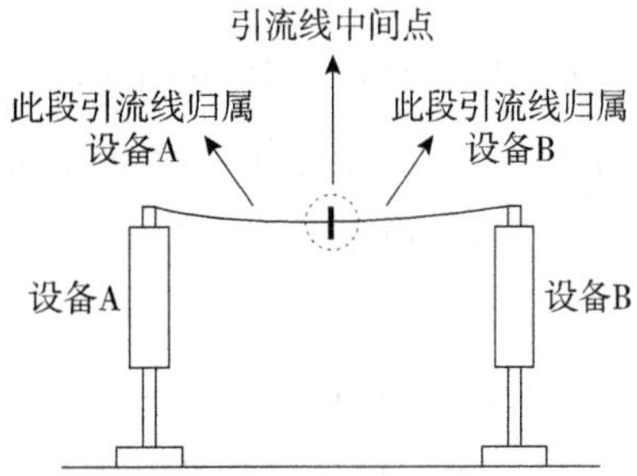

图1-5　引流线归属（四）

②安装在变压器本体上的非电气量保护装置、套管电流互感器二次引出线，以变压器本体端子箱内的出线端子排为界，出线端子排以内部分属于变压器范围。

③变压器风控回路，以风控回路的出线端子排为界，出线端子排以内部分属于变压器范围。

④变压器风控箱内的电源回路部分，以风控箱内电源接线桩头为界，接线桩头以内部分属于变压器范围。

⑤变压器本体与变压器在线监测装置（非制造厂提供的变压器在线监测装置）的分界，以连接阀门为界，连接阀门以内部分（包括阀门）属于变压器范围。

⑥变压器有载分接开关控制器、控制器与变压器相连接的控制电缆、有载分接开关机构箱，均属于变压器范围①。

（2）电抗器

①电抗器电流回路的接线板以内部分以及与电抗器相连的部分引流线（包括线夹），属于电抗器范围。

① 变压器的无励磁分接开关、有载分接开关均属于变压器范围。

②电抗器其他部分的界限划定，可参照变压器的相关内容。

（3）断路器

①断路器一次主回路的接线板以内部分以及与断路器相连的部分引流线（包括线夹），属于断路器范围。

②断路器操动机构以机构箱的出线端子排为界，端子排以内部分属于断路器范围。

（4）电流互感器

①电流互感器一次主回路的接线板以内部分以及与电流互感器相连的部分引流线（包括线夹），属于电流互感器范围。

②电流互感器二次引出端子排（板）以内部分属于电流互感器范围。

（5）电压互感器

①电压互感器一次主回路的接线板以内部分以及与电压互感器相连的部分引流线（包括线夹），属于电压互感器范围。

②电压互感器二次引出端子排（板）以内部分属于电压互感器范围。

（6）避雷器

避雷器一次主回路的接线板以内部分以及与避雷器相连的部分引流线（包括线夹），包括避雷器的计数器和泄漏电流表，均属于避雷器范围[①]。

（7）隔离开关

①隔离开关一次主回路的接线板以内部分（含接地开关）以及与隔离开关相连的部分引流线（包括线夹），属于隔离开关范围。

②隔离开关（含接地开关）操动机构以机构上的出线端子排为界，端子排以内部分属于隔离开关范围。

（8）耦合电容器

①耦合电容器一次主回路的接线板以内部分以及与耦合电容器相连的部分引流线（包括线夹），属于耦合电容器范围。

②耦合电容器二次引出端子排以内部分属于耦合电容器范围。

③耦合电容器的中间变压器接地桩头以下部分（结合滤波器、接地开关）不属于耦合电容器范围。

（9）阻波器

阻波器一次主回路的接线板以内部分以及与阻波器相连的引流线（包括线夹），属于阻波器范围。

---

① 更换避雷器的计数器和泄漏电流表，应对避雷器按“计划停运”或“非计划停运”统计。

（10）组合电器

①组合电器一次主回路进出线的终端套管接线板或电缆桶（不包括进出线的电缆头）以内部分以及与组合电器相连的部分引流线，属于组合电器范围。

②安装在组合电器本体上的非电气量保护装置、套管电流互感器、电压互感器的二次引出线以组合电器本体端子箱内的出线端子排为界，出线端子排以内部分属于组合电器范围。

③组合电器内断路器、隔离开关操动机构以机构箱的出线端子排为界，端子排以内部分属于组合电器范围。

（11）电缆

①电缆与变电站内设备的分界点，以电缆终端（电缆头）的接线板为界，该接线板（包括接线板）以内属于电缆范围。

②电缆与架空线路的分界，以电缆与架空线路连接的接线板为界，电缆头接线板以内部分（包括架空线路的设备线夹）属于电缆范围。

（12）架空线路

①架空线路与变电站内设备的分界，以架空线路进线挡导线变电站侧的设备线夹为界，该设备线夹以内（不包括该设备线夹），属于架空线路范围。

②架空线路与电缆的分界，以架空线路与电缆连接的设备线夹为界，架空线路的设备线夹以内部分（不包括架空线路的设备线夹）属于架空线路范围①。

③架空线路上所安装的线路避雷装置等设施，属于架空线路范围②。

（13）母线

母线设备单元应包括母线主导线、母线支持绝缘子（或悬式绝缘子）、金具（连接金具、支持绝缘子金具、引线金具）、接地装置、母线架空地线以及与母线连接的引下线。

①非设备制造厂配套提供的支持绝缘子、悬式绝缘子（或固定件）也包含在母线设备单元内。

②管母线两端的接地装置、母线与剪刀式隔离开关静触头部分连接金具，属于母线设备；剪刀式隔离开关静触头部分属于隔离开关，不属于母线设备。

（二）设备定位定点图

参照设备点位示意图草图，根据变电站总平面布置图和现场电气设备接线图绘制构架总体布局图（如图1-6所示），变电站内依次排列的主变为“排”、垂直方向的为

---

① 无论是电缆与架空线路的分界点还是架空线路与电缆的分界点，都是电缆要并接到架空线路上，设备线夹都属于电缆。

② 包括架空地线、OPGW 光缆。ADSS 光缆不统计在线路范围内。

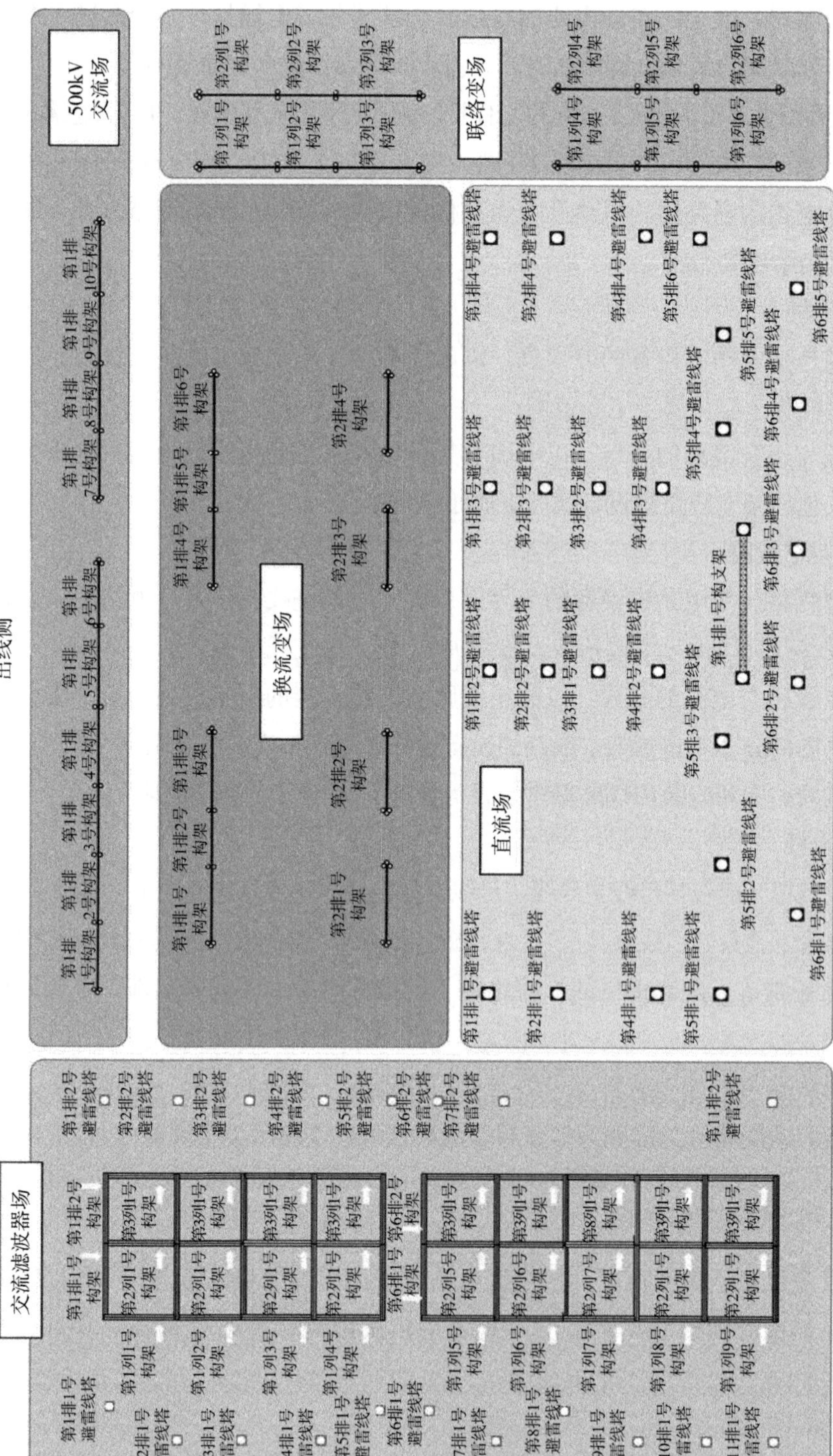

图 1-6 换流站各设备场分布图

"列"，以此确定每个设备对应的唯一的排列位置（如图1-7、图1-8所示）。

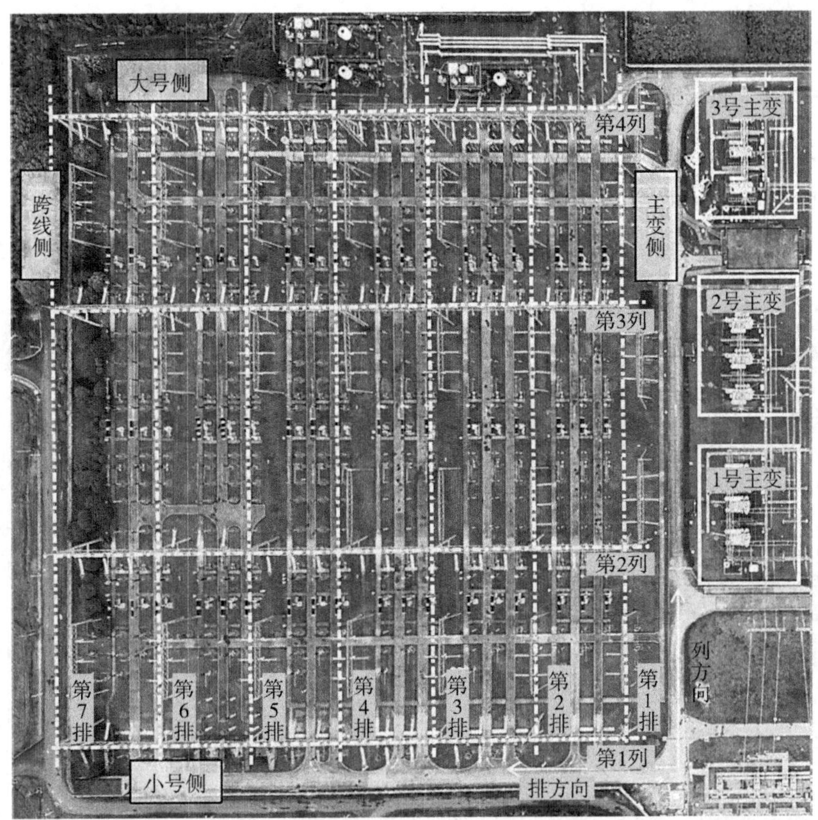

图1-7　构（支）架排列及两侧命名示例

图1-8　构（支）架分层排列命名图例

（三）巡检点位命名及清单

根据主变压器排列方向和顺序逐行、逐列定义大、小号方向。按照排方向、列方向逐个对设备点位的大号侧、小号侧以及电气接线图连接设备各间隔进行命名（如图1-9所示），有多层架设的构支架分上、中、下层依次标注并统计点位清单（如表1-2、表1-3所示）。命名应明确电压等级、变电站名称、调度名称、设备名称、巡检部位信息等。其中设备本体按照调度命名，构支架及连接金具按照定位进行命名。

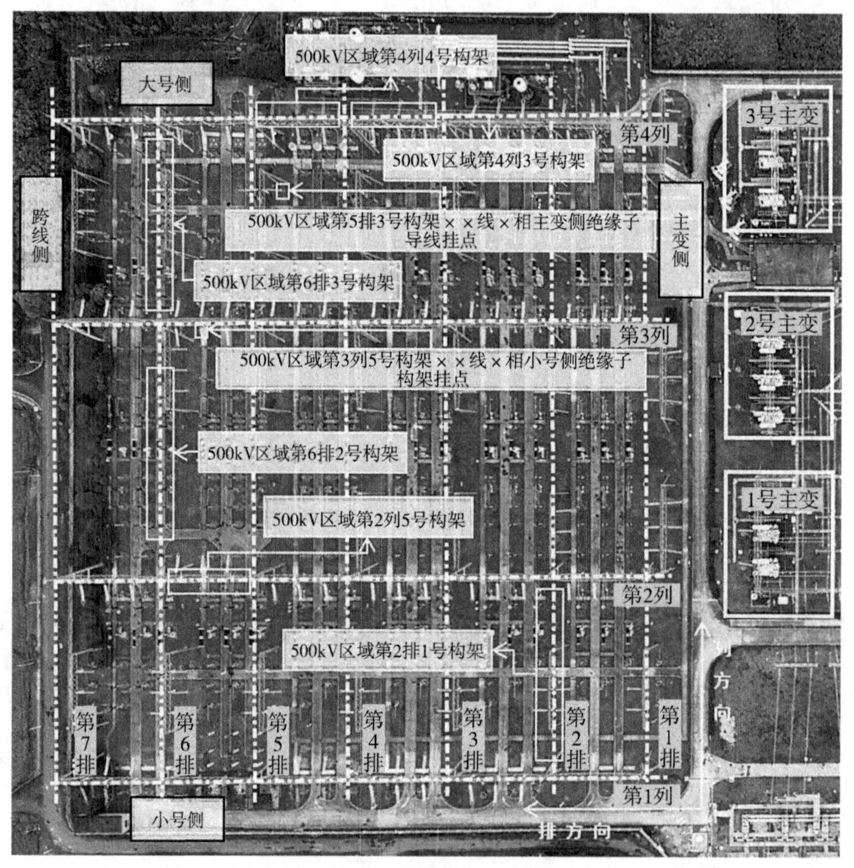

图1-9　具体命名示例

表1-2　巡检设备点位统计表

序号	设备类别	交流滤波器场	交流场	换流变场	直流场	点位合计
1	母线及高层跨线					
2	压变					
3	避雷器					
4	避雷针					

续表

序号	设备类别	交流滤波器场	交流场	换流变场	直流场	点位合计
5	GIS 套管					
6	构架金具					
7	建筑物顶部					

表 1-3 巡检设备点位清单表

编号	变电站名称	电压等级	设备类别	构架	位置	设备名称	相别	航拍点位数	备注
1	××变	500kV	避雷针			#1 构架避雷针		4	
2	××变	500kV	避雷针			#2 构架避雷针		4	
3	××变	500kV	避雷针			#3 构架避雷针		4	
4	××变	500kV	避雷针			#4 构架避雷针		4	
5	××变	500kV	避雷针			#5 构架避雷针		4	
6	××变	500kV	避雷针			#6 构架避雷针		4	
7	××变	500kV	避雷针			#7 构架避雷针		4	
8	××变	500kV	避雷针			#8 构架避雷针		4	
9	××变	500kV	GIS 套管			GIS 套管 50111、50112、50131、50132	A	4	
10	××变	500kV	GIS 套管			GIS 套管 50111、50112、50131、50132	B	4	
11	××变	500kV	GIS 套管			GIS 套管 50111、50112、50131、50132	C	4	
12	××变	500kV	GIS 套管			GIS 套管 50211、50212、50231、50232	A	4	
13	××变	500kV	GIS 套管			GIS 套管 50211、50212、50231、50232	B	4	
14	××变	500kV	GIS 套管			GIS 套管 50211、50212、50231、50232	C	4	
……	……	……	……			……	……	……	

（四）巡检路线及工期安排

根据统计点位清单及设备类型编制巡检航线，预估飞行架次及巡检工期，按照无人机有效飞行航时配置无人机电池，按照电池充电时间安排作业小组，确保飞行作业时电池供给充足。

三、作业流程

按照变电站无人机巡检标准化作业方法，主要作业流程包含计划申报、工作票签发与工作许可、现场作业、作业监视、航后检查、工作终结、数据处理、报告编制等环节。

1.计划申报

按照年度无人机巡检作业计划批复的空域使用申请，上报巡检作业计划，同时应注明巡检类型。

巡检作业类型主要包括全面巡检和特殊巡检。

①全面巡检是指各变电站按照本站无人机巡检点位表开展整站设备巡检（含新建站竣工验收），巡检方式包括不停电巡检和停电巡检。

②特殊巡检是指针对异常（故障）告警情况或特定任务（保供电、大负荷、台风、覆冰、隐患排查、改扩建站验收等）开展的巡检。

2.工作票签发与工作许可

根据变电站工作票填写要求填写工作票，作业内容应包括使用机型、巡检范围、巡检类型等，并完成审核、签发、许可流程。

变电站无人机作业应办理变电站第二种工作票，跨专业协同巡检人员应具备变电站内相应作业技能及资质。

变电站内的机巢开展协同巡检应由任务执行人按照计划持变电站第二种工作票在后台和现场实时监护作业。

3.现场作业

根据作业方案或作业卡内容逐个点位开展现场巡视，每组作业人员不应少于两人，一人操作，一人记录并做好监护，记录人应注意记录无人机巡视路线及巡视点位，确保无漏巡设备和点位。

起降点应选择远离强磁设备、与变电设备保持足够的安全距离、符合无人机起降条件的平整场地；按照不同设备巡检需求，明确设备拍摄位置、拍摄角度、检查程度及要求，确保一次巡检能准确反映设备运行状况。

无人机飞行至距目标设备的安全距离范围时，通过调整机身朝向或云台角度，使悬停点位拍摄内容居中、图像清晰；悬停点位应在变电设备斜上方，禁止在设备及通道正上方长时间悬停。

对同一高度的变电设备连续巡检，应采用等高作业法；对不同高度的设备进行巡检，应拆分成多条航线巡检或按照“先高后低”的原则巡检。设备拍摄部位无遮挡的情况下，宜采用远距离变焦拍摄。

4. 作业监视

①无人机巡检系统放飞后，宜在起飞点附近进行悬停，作业人员确认系统工作正常后方可继续执行巡检任务。否则，应及时降落，排查原因，修复，在确保安全可靠后方可再次放飞。

②无人机巡检系统飞行时，作业人员应始终注意观察无人机巡检系统飞行姿态、电机运转声音等信息，判断系统工作是否正常，应密切关注实时回传的导航卫星颗数、定位情况、电池电压、RTK信号、位置、速度、航向等遥测信息。如有异常，应及时判断原因，采取应对措施。

③无人机巡检系统飞行时，应采用飞行数据记录模块获取无人机飞行状态、实时位置、飞行航迹等，对无人机作业全过程进行实时监控，若无人机航迹偏离预设航线、超出允许作业范围时，应立即采取措施控制无人机按预设航线飞行，并判断无人机状态是否正常可控。否则，应立即采取措施控制无人机返航或就近降落，待查明原因、排除故障并确认安全可靠后，方可重新放飞执行巡检作业。

④采用自主飞行模式时，作业人员应始终掌控遥控手柄，且处于备用状态。作业人员应密切观察无人机巡检系统航迹，若触发无人机巡检系统避障功能，观察能否执行可靠安全策略。突发情况下，可通过遥控手柄立即接管控制无人机飞行。

⑤巡视时，操作人员应注意无人机所处的位置，首先确保与带电设备的安全距离，然后动态调整点位最佳位置和角度，拍照时可粗略查看照片，发现严重缺陷时，待无人机安全降落后按照流程申报。

5. 航后检查

①巡检作业结束后，应按所用无人机巡检系统要求进行检查和维护工作，对外观及关键零部件进行检查，对机身污垢进行擦拭。

②巡检作业结束后，应清理现场，核对设备和工器具清单，确认现场无遗漏。

③电力无人机巡检系统，应将电池取出，取出的电池应按要求保管。

④对于无人机自主巡检作业，应对作业航线进行检查、分析，若有调整应及时更新航线数据库中的对应信息。

⑤收回无人机后，应及时取出拍摄照片，避免数据丢失。

6. 工作终结

工作结束后，应将现场无人机及相关设备撤收，确认无遗留物，向工作许可人办理工作终结手续。

7. 数据处理

按照巡视路线和点位记录表及时整理巡视照片，避免数据错位，对整理好的照片进行缺陷识别，识别过程中应严格依据缺陷管理规定，人工复核缺陷，并对发现的缺陷及隐患按照业务流程进行申报。

被判定为有缺陷或隐患的照片，应通过绘图工具逐一进行标注，并按照缺陷描述统一命名与登记。缺陷描述内容应包括变电站名、设备电压等级、主设备名称、设备部件、缺陷内容，缺陷登记内容应包括运维单位、变电站名、电压等级、设备类别、缺陷描述、缺陷等级、发现时间、责任单位、处理意见、备注等。

8. 报告编制

无人机巡检报告应在数据处理完成后进行编制，报告主要内容包括巡检内容、作业概况、巡检计划及完成情况、存在问题、缺陷照片及清单、巡检设备明细表等。

第二章

变电站无人机巡视作业方法

第一节　500kV部分

一、变压器巡视

（一）巡视要求

变压器巡视巡检的具体要求如下。

①主变套管外部无裂纹、破损，无渗漏油，防污闪涂料或伞裙无起皮、脱落等异常现象，套管油位无异常，套管末屏接地良好。35kV及以下接头及引线绝缘护套良好。引线无散股、断股，均压环表面光滑，无锈蚀、损伤、变形、倾斜，螺栓无松动、脱落。

②本体各部位、冷却系统及连接管道无渗漏油。

③本体和分接开关储油柜外观无破损、锈蚀等。

（二）巡视规则

变压器为中低层设备，无人机巡视时通常从变压器高压侧经主变构建绕飞至低压侧，无人机飞行及悬停时，应确保与主变带电部件保持足够的安全距离，巡视拍摄规则如下。

①巡检变压器先完成主变压器高压侧构架、引流线、连接金具、各相套管及油位表计等设备的拍摄，再完成中低压侧构架、引流线、连接金具、各相套管及油位表计等设备的拍摄，最后完成主变压器顶部设备的拍摄。

②拍摄变压器构架绝缘子、金具和线夹时应悬停于设备斜上方，与设备成30°左右的角，小角度斜上方拍摄，要求图像能够清晰显示变压器构架绝缘子、金具和线夹连接板螺栓及螺帽。

③拍摄变压器套管及油位表计、引线接头等设备，平视设备，或小角度斜上方拍摄，要求图像能够清晰显示接头螺栓、均压环连接情况，以及断路器表计读数。

④拍摄变压器顶部时应悬停于主变斜上方，与变压器成60°～90°的角，要求图像能够清晰显示变压器顶部管线情况。

（三）巡视点位

以一相主变间隔为例，无人机拍摄每相变压器应采取从高压侧经主变构建绕飞至低压侧的路径，详细点位如表2–1所示。

表2–1 断路器无人机可见光巡视拍摄规则

无人机悬停区域	拍摄部位	拍摄部位编号	拍摄内容	拍摄角度	拍摄质量要求
A	A相主变	1	变压器高压侧套管及油位表计、引线接头等设备	平视或俯视设备	能够清晰显示接头螺栓、均压环连接情况，以及断路器表计读数
B	A相主变	2	变压器500kV侧构架绝缘子、金具和线夹	与设备成30°左右的角，俯视	能够清晰显示变压器构架绝缘子、金具和线夹连接板螺栓及螺帽
C	A相主变	3	变压器220kV侧构架绝缘子、金具和线夹	与设备成30°左右的角，俯视	能够清晰显示变压器构架绝缘子、金具和线夹连接板螺栓及螺帽
D	A相主变	4	变压器顶部	与变压器成60°～90°的角，俯视	能够清晰显示变压器顶部管线情况
E	A相主变	5	变压器中低压侧套管及油位表计、引线接头等设备	平视或俯视设备	能够清晰显示接头螺栓、均压环连接情况，以及断路器表计读数
悬停点位数：5　　拍摄点位数：5					

注：A，高压套管前侧区域；B，500kV侧构架区域；C，220kV侧构架区域；D，主变侧上方区域；E，中低压套管前侧区域。

（四）巡视路径

以一相变压器间隔为例，按照最优安全作业的原则，应采取从高压侧经主变构建绕飞至低压侧的路径，巡视路径如图2–1所示。

（五）照片样本

拍摄照片应能清晰显示变压器套管外绝缘及线夹、油位表计、油枕油管、构架及绝缘子等，图2–2至2–6为拍摄照片样本。

图2-1　变压器无人机可见光巡检航线规划（500kV）

图2-2　变压器高压侧套管可见光图例

图2-3　变压器500kV构架绝缘子可见光俯视图例

图2-4　变压器220kV构架绝缘子可见光平视图例

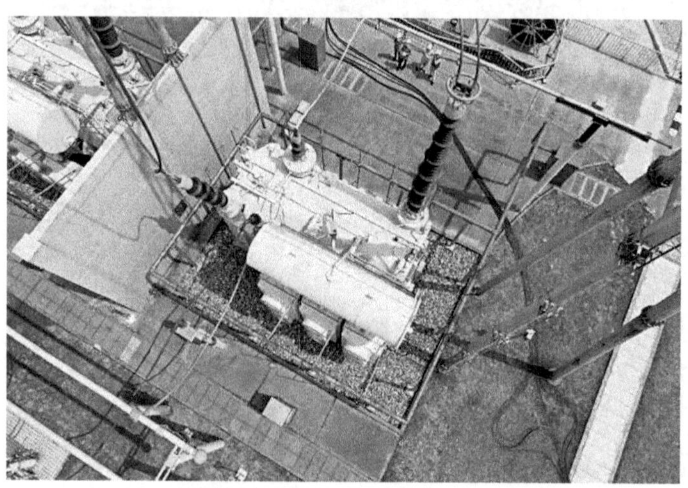

图2-5　变压器顶部可见光图例

图2-6　变压器中低压侧套管可见光图例

（六）注意事项

①巡检前，作业人员应确认巡检变电设备编号无误，确认巡检区域内无影响无人机巡检的设备修试、倒闸操作等作业。

②起飞前，操作人员应逐项开展设备检查、系统自检，确保无人机处于适航状态。

③无人机与主变带电体保持足够的安全距离：500kV侧3.9m，220kV侧2.1m，35kV侧1.2m。

二、断路器巡视

（一）巡视要求

断路器巡视巡检的具体要求如下。

①本体外观清洁、无异物。外绝缘无裂纹、破损，增爬伞裙粘接牢固、无变形，防污涂料完好，无脱落、起皮现象。油断路器无渗漏油现象。

②金属法兰无裂痕，防水胶完好，连接螺栓无锈蚀、松动、脱落。断口电容器、电阻器无裂纹、破损，无渗漏油，防污闪涂料或伞裙无起皮、脱落等异常现象。

③引线无散股、断股，两端线夹无松动、裂纹，接头连接螺栓无锈蚀、松动、脱落。均压环表面光滑，无锈蚀、损伤、变形、倾斜，螺栓无锈蚀、松动、脱落。套管防雨帽无异物堵塞。

（二）巡视规则

断路器为低层设备，无人机巡视时通常处于断路器与高层设备之间，无人机飞行及悬停时，应确保与高层设备保持足够的安全距离，巡视拍摄规则如下。

①无人机可见光巡检断路器应依次拍摄断路器接地线、支柱绝缘子、断路器顶端连接板及均压环、线夹、表计。

②拍摄断路器支柱绝缘子时应悬停于断路器支柱绝缘子斜上方，平视线夹，或俯视，小角度斜上方拍摄，要求图像能够清晰显示线夹螺栓连接情况。

③拍摄断路器本体时应悬停于断路器本体斜上方，平视线夹，或俯视，小角度斜上方拍摄，要求图像能够清晰显示线夹螺栓连接情况。

④拍摄断路器顶端连接板及均压环时应悬停于断路器顶端斜上方，与断路器顶端成30°左右的角度，小角度斜上方拍摄，要求图像能够清晰显示断路器顶端连接板螺栓及螺帽、均压环。

⑤拍摄断路器表计时应悬停于断路器机构箱正前方，平视断路器，要求图像能够清晰显示断路器表计读数。

（三）巡视点位

以一相线路间隔为例，无人机应从下往上拍摄每相断路器的表计、支柱绝缘子、本体、均压环及连接板等各部件，详细点位如表2-2所示。

表2-2 断路器无人机可见光巡视拍摄规则

无人机悬停区域	拍摄部位	拍摄部位编号	拍摄内容	拍摄角度	拍摄质量要求
A	A相断路器	1	断路器表计读数	平视断路器机构箱	能够清晰显示断路器表计读数
B	A相断路器	2	断路器支柱绝缘子	平视支柱绝缘子，或俯视，小角度斜上方拍摄	能够清晰显示支柱绝缘子外绝缘和螺栓连接情况
C	A相断路器	3	断路器本体	平视断路器本体，或俯视，小角度斜上方拍摄	能够清晰显示线夹螺栓连接情况
D	A相断路器	4	断路器顶端连接板及均压环	与断路器顶端成30°左右的角，小角度斜上方拍摄	能够清晰显示顶端连接板螺丝及螺帽、均压环

续表

无人机悬停区域	拍摄部位	拍摄部位编号	拍摄内容	拍摄角度	拍摄质量要求
E	A 相断路器	5	断路器顶端连接板及均压环	与断路器顶端成 30°左右的角，小角度斜上方拍摄	能够清晰显示顶端连接板螺丝及螺帽、均压环
悬停点位数：5　　拍摄点位数：5					

注：A，机构箱前侧区域；B，支柱绝缘子前侧区域；C，断路器本体前侧区域；D，断路器前侧顶端连接板侧后方区域；E，断路器后侧顶端连接板侧后方区域。

（四）巡视路径

以一相线路间隔为例，按照最优安全作业的原则，应采用从下往上的作业方法，拍摄每相断路器的表计、支柱绝缘子、本体、均压环及连接板等各部件，巡视路径如图2-7所示。

图2-7　断路器无人机可见光巡检航线规划（500kV）

（五）照片样本

拍摄照片应能清晰显示断路器支柱绝缘子、断路器顶端连接板及均压环、线夹、表计、接地线等，图2-8至2-11为拍摄照片样本。

图2-8 断路器表计读数可见光图例

图2-9 断路器支柱绝缘子可见光图例

图2-10　断路器本体部件可见光图例

图2-11　断路器线夹及均压环可见光图例

（六）注意事项

①巡检前，作业人员应确认巡检变电设备编号无误，确认巡检区域内无影响无人机巡检的设备修试、倒闸操作等作业。

②起飞前，操作人员应逐项开展设备检查、系统自检，确保无人机处于适航状态。

③无人机与断路器带电部位保持3.9m以上的安全距离。

三、隔离开关巡视

（一）巡视要求

隔离开关巡视巡检的具体要求如下。

①导电部分合闸状态的隔离开关触头接触良好；分闸状态的隔离开关触头间的距离或打开角度符合要求。导电臂（管）无损伤、变形。引线无散股、断股，两端线夹无松动、裂纹现象。连接螺栓无锈蚀、松动、脱落。无分、合闸不到位的现象。导电底座无变形、裂纹，连接螺栓无锈蚀、松动、脱落，导电带无变形、断裂。均压环表面光滑，无锈蚀、损伤、变形、倾斜，螺栓无锈蚀、松动、脱落。无异常变位。

②绝缘子外观清洁，无倾斜、破损、裂纹。金属法兰与瓷件的胶装部位完好，防水胶无开裂、起皮、脱落。金属法兰无裂痕，连接螺栓无锈蚀、松动、脱落。

③传动部分传动连杆、拐臂、万向节无锈蚀、松动、变形。接地开关可动部件与其底座之间的软连接完好、牢固。机械闭锁位置正确，机械闭锁盘、闭锁板、闭锁销无锈蚀、变形、开裂，限位装置完好可靠。基座无裂纹、破损，连接螺栓无锈蚀、松动、脱落，其金属支架牢固，无变形。

（二）巡视规则

隔离开关为低层设备，无人机巡视时通常处于隔离开关与高层设备之间，无人机飞行及悬停时，应确保与高层设备保持足够的安全距离，巡视拍摄规则如下。

①无人机可见光巡检隔离开关应依次拍摄隔离开关机构箱、支柱绝缘子、动静触头、隔离开关顶端连接板。

②拍摄隔离开关支柱绝缘子时应悬停于断路器支柱绝缘子斜上方，平视线夹或俯视，小角度斜上方拍摄，要求图像能够清晰显示线夹螺栓连接情况。

③拍摄隔离开关动静触头时应悬停于隔离开关上部触头拐臂侧面或上方，平视触头或俯视，小角度斜上方拍摄，要求图像能够清晰显示触头螺栓连接情况。

④拍摄隔离开关顶端连接板时应悬停于隔离开关顶端斜上方，与隔离开关顶端成30°左右的角，小角度斜上方拍摄，要求图像能够清晰显示隔离开关顶端连接板螺栓及螺帽。

（三）巡视点位

以一相线路间隔为例，无人机应从下往上拍摄每相隔离开关的操作机构箱、支柱绝缘子、导电部分、传动部分等各部件，详细点位如表2–3所示。

表2-3　隔离开关无人机可见光巡视拍摄规则

无人机悬停区域	拍摄部位	拍摄部位编号	拍摄内容	拍摄角度	拍摄质量要求
A	A相隔离开关	1	隔离开关及接地刀闸操作机构箱	在机构箱斜上方，俯视拍摄	能够清晰显示箱体及接地连接情况
B	A相隔离开关	2	隔离开关支柱绝缘子	平视支柱绝缘子，或俯视，小角度斜上方拍摄	能够清晰显示支柱绝缘子外绝缘和螺栓连接情况
C	A相隔离开关	3	隔离开关触头	平视触头，小角度斜上方拍摄	能够清晰显示触头连接情况
D	A相隔离开关	4	隔离开关触头	俯视触头，小角度斜上方拍摄	能够清晰显示触头连接情况
E	A相隔离开关	5	隔离开关拐臂	平视拐臂，小角度斜上方拍摄	能够清晰显示拐臂连接情况
F	A相隔离开关	6	隔离开关拐臂	俯视拐臂，小角度斜上方拍摄	能够清晰显示拐臂连接情况
G	A相隔离开关	7	隔离开关顶端连接板	与隔离开关顶端成30°左右的角，小角度斜上方拍摄	能够清晰显示顶端连接板螺丝及螺帽
悬停点位数：7　　拍摄点位数：7					

注：A，操作机构箱前侧区域；B，支柱绝缘子前侧区域；C，隔离开关触头前侧或侧上方区域；C，隔离开关触头前侧区域；D，隔离开关触头侧上方区域；E，隔离开关拐臂前侧区域；F，隔离开关拐臂侧上方区域；G，隔离开关顶端连接板前侧区域。

（四）巡视路径

以一相线路间隔为例，按照最优安全作业的原则，应采用从下往上的作业方法，从下往上拍摄每相隔离开关的操作机构箱、支柱绝缘子、导电部分、传动部分等各部件，巡视路径如图2-12所示。

（五）照片样本

拍摄照片应能清晰显示隔离开关机构箱、支柱绝缘子、动静触头、隔离开关顶端连接板等，图2-13至2-19为拍摄照片样本。

图2-12 隔离开关无人机可见光巡检航线规划（500kV）

图2-13 隔离开关及接地刀闸操作机构箱可见光图例

图2-14　隔离开关支柱绝缘子可见光图例

图2-15　隔离开关传动部分可见光平视图例

图2-16　隔离开关传动部分可见光俯视图例

图2-17　隔离开关拐臂可见光平视图例

图2-18　隔离开关拐臂可见光俯视图例

图2-19　隔离开关触头可见光图例

（六）注意事项

①巡检前，作业人员应核实巡检变电设备编号无误，应确认巡检区域内无影响无人机巡检的设备修试、倒闸操作等作业。

②起飞前，操作人员应逐项开展设备检查、系统自检，确保无人机处于适航状态。

③无人机与隔离开关带电部位保持3.9m以上的安全距离。

四、电流互感器巡视

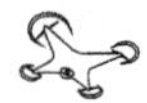

（一）巡视要求

电流互感器巡视巡检的具体要求如下。

①金属部位无锈蚀，外绝缘表面完整无裂纹，防污闪涂料完整无脱落；干式电流互感器外绝缘表面无粉蚀、开裂，外露铁芯无锈蚀；油浸电流互感器各部位无渗漏油现象。

②等电位连接线完好，紧固螺丝无松动、脱落。

③引线无散股、断股，两端线夹无松动、裂纹。接头连接螺栓无锈蚀、松动、脱落。

④油浸电流互感器金属膨胀器无变形，膨胀位置指示无异常。

（二）巡视规则

电流互感器为低层设备，无人机巡视时通常处于电流互感器与高层设备之间，无人机飞行及悬停时，应确保与高层设备保持足够的安全距离，巡视拍摄规则如下。

①无人机可见光巡检电流互感器应依次拍摄电流互感器接地线、SF_6表计、支柱绝缘子、本体、接线板。

②拍摄电流互感器SF_6表计时应悬停于电流互感器侧方，平视SF_6表计拍摄，要求图像能够清晰显示SF_6表计读数情况。

③拍摄电流互感器外绝缘部分时应悬停于绝缘部分斜上方，与电流互感器成30°左右的角度俯视，要求图像能够清晰显示电流互感器外绝缘外观情况。

④拍摄电流互感器顶端连接板及均压环时应悬停于电流互感器顶端斜上方，与电流互感器顶端成60°左右的角度俯视，或平视拍摄，要求图像能够清晰显示电流互感器

顶端连接板螺栓及螺帽，均压环、引线外观清晰。

（三）巡视点位

以一相线路间隔为例，无人机应从下往上拍摄每相电流互感器SF_6表计读数、外绝缘、顶部均压环及上部接线板等部件，详细点位如表2-4所示。

表2-4 避雷器无人机可见光巡视拍摄规则

无人机悬停区域	拍摄部位	拍摄部位编号	拍摄内容	拍摄角度	拍摄质量要求
A	A相电流互感器	1	电流互感器SF_6表计	平视SF_6表计拍摄	能够清晰显示SF_6表计读数情况
B	A相电流互感器	2	电流互感器外绝缘部分	与电流互感器成30°左右的角度，俯视	能够清晰显示电流互感器外绝缘外观情况
C	A相电流互感器	3	电流互感器顶端连接板及均压环	平视电流互感器顶端拍摄	能够清晰显示电流互感器顶端连接板螺栓及螺帽，均压环、引线外观清晰
D	A相电流互感器	4	电流互感器顶端连接板及均压环	与电流互感器顶端成60°左右的角度俯视拍摄	能够清晰显示电流互感器顶端连接板螺栓及螺帽，均压环、引线外观清晰
悬停点位数：4	拍摄点位数：4				

注：A，SF_6表计前侧区域；B，外绝缘部分前侧区域；C，顶端连接板前侧区域；D，顶端连接板前侧上方区域。

（四）巡视路径

以一相线路间隔为例，按照最优安全作业的原则，从下往上拍摄每相电流互感器SF_6表计读数、外绝缘、顶部均压环及上部接线板等部件，巡视路径如图2-20所示。

（五）照片样本

拍摄照片应能清晰显示电流互感器SF_6表计、支柱绝缘子、本体、接线板、接地线等，图2-21至2-24为拍摄照片样本。

图2-20　电流互感器无人机可见光巡检航线规划（500kV）

图2-21　电流互感器基座及SF_6表计可见光图例

图2-22　电流互感器外绝缘可见光图例

图2-23　电流互感器均压环及接头可见光图例

图2-24　电流互感器均压环及引线可见光图例

（六）注意事项

①巡检前，作业人员应确认巡检变电设备编号无误，确认巡检区域内无影响无人机巡检的设备修试、倒闸操作等作业。

②起飞前，操作人员应逐项开展设备检查、系统自检，确保无人机处于适航状态。

③无人机与电流互感器带电部位保持3.9m以上的安全距离。

五、电压互感器及避雷器巡视

（一）巡视要求

电压互感器及避雷器巡视巡检的具体要求如下。

①电压互感器外绝缘表面完整无裂纹，防污闪涂料完整无脱落。金属部位无锈蚀。油浸电压互感器各部位无渗漏油现象。电容式电压互感器的电容分压器及电磁单元无渗漏油。330kV及以上电容式电压互感器电容分压器各节之间防晕罩连接可靠。各连接引线及接头无松动，引线无断股、散股。金属膨胀器膨胀位置指示无异常。

②避雷器瓷套部分无裂纹、破损，防污闪涂层无破裂、起皱、鼓泡、脱落。硅橡胶复合绝缘外套伞裙无破损、变形。密封结构金属件和法兰盘无裂纹、锈蚀。引线无松股、断股，接头无松动。均压环无位移、变形、锈蚀。防爆通道正常，防水、防潮措施无异常。

（二）巡视规则

电压互感器及避雷器为低层设备，无人机巡视时通常处于电压互感器及避雷器与高层设备之间，无人机飞行及悬停时，应确保与高层设备保持足够的安全距离，巡视拍摄规则如下。

①无人机可见光巡检电压互感器及避雷器应先依次拍摄电压互感器油位表计、外绝缘部分、顶端连接板及均压环，再依次拍摄避雷器顶端连接板及均压环、瓷套及防爆通道。

②拍摄电压互感器油位表计时应悬停于油位表计斜上方，平视油位表计，小角度斜上方拍摄，要求图像能够清晰显示油位表计显示的油位状况。

③拍摄电压互感器外绝缘部分时应悬停于电压互感器外绝缘部分斜上方，平视外绝缘瓷套，或俯视，小角度斜上方拍摄，要求图像能够清晰显示电压互感器外绝缘部

分外观情况。

④拍摄电压互感器顶端连接板及均压环时应悬停于电压互感器顶端斜上方，与电压互感器顶端成30°左右的角度俯视，小角度斜上方拍摄，要求图像能够清晰显示避雷器顶端连接板螺栓及螺帽，均压环、引线清晰。

⑤拍摄避雷器瓷套及防爆通道时应悬停于避雷器瓷套及防爆通道斜上方，平视瓷套及防爆通道，或俯视，小角度斜上方拍摄，要求图像能够清晰显示避雷器瓷套及防爆通道外观情况。

⑥拍摄避雷器顶端连接板及均压环时应悬停于避雷器顶端斜上方，与避雷器顶端成30°左右的角度俯视，小角度斜上方拍摄，要求图像能够清晰显示避雷器顶端连接板螺栓及螺帽，均压环、引线清晰。

（三）巡视点位

以一个线路间隔为例，无人机应从下往上拍摄每相电压互感器油位表计、外绝缘、顶部均压环及上部接线板和避雷器顶部均压环及上部接线板、瓷套及防爆通道等部件，详细点位如表2–5所示。

表2–5 电压互感器及避雷器无人机可见光巡视拍摄规则

无人机悬停区域	拍摄部位	拍摄部位编号	拍摄内容	拍摄角度	拍摄质量要求
A	A相电压互感器	1	电压互感器油位表计	平视油位表计，小角度斜上方拍摄	能够清晰显示油位表计呈现的油位状况
B	A相电压互感器	2	电压互感器外绝缘部分	与避雷器顶端成30°左右的角度俯视，小角度斜上方拍摄	能够清晰显示电压互感器外绝缘部分外观情况
C	A相电压互感器	3	电压互感器顶端连接板及均压环	与电压互感器顶端成30°左右的角度俯视，小角度斜上方拍摄	能够清晰显示避雷器顶端连接板螺栓及螺帽，均压环、引线清晰
D	A相避雷器	4	避雷器顶端连接板及均压环	与避雷器顶端成30°左右的角度俯视，小角度斜上方拍摄	能够清晰显示避雷器顶端连接板螺栓及螺帽，均压环、引线清晰
E	A相避雷器	5	避雷器瓷套及防爆通道	平视瓷套及防爆通道，或俯视，小角度斜上方拍摄	能够清晰显示避雷器瓷套及防爆通道外观情况
悬停点位数：5 拍摄点位数：5					

注：A，电压互感器油位表计前侧区域；B，电压互感器外绝缘部分前侧区域；C，电压互感器顶端连接板侧上方区域；D，避雷器顶端连接板侧上方区域；E，电避雷器瓷套前侧区域。

（四）巡视路径

以一个线路间隔为例，按照最优安全作业的原则，从下往上拍摄每相电压互感器油位表计、外绝缘、顶部均压环及上部接线板和避雷器顶部均压环及上部接线板、瓷套及防爆通道等部件，巡视路径如图2–25所示。

图2–25　电压互感器及避雷器无人机可见光巡检航线规划

（五）照片样本

拍摄照片应能清晰显示电压互感器油位表计、外绝缘部分、顶端连接板及均压环和避雷器顶端连接板及均压环、瓷套及防爆通道等，图2–26至2–30为拍摄照片样本。

（六）注意事项

①巡检前，作业人员应确认巡检变电设备编号无误，确认巡检区域内无影响无人机巡检的设备修试、倒闸操作等作业。

②起飞前，操作人员应逐项开展设备检查、系统自检，确保无人机处于适航状态。

③无人机与电压互感器及避雷器带电部位保持3.9m以上的安全距离。

图2-26　电压互感器油位表计可见光图例

图2-27　电压互感器外绝缘部分可见光图例

图2-28　电压互感器顶端连接板及均压环可见光图例

图2-29　避雷器顶端连接板及均压环可见光图例

图2-30　避雷器瓷套及防爆通道

第二节 220kV部分

一、变压器巡视

（一）巡视要求

变压器巡视巡检的具体要求如下。

①主变套管外部无裂纹、破损，无渗漏油，防污闪涂料或伞裙无起皮、脱落等异常现象，套管油位无异常，套管末屏接地良好。35kV及以下接头及引线绝缘护套良好。引线无散股、断股，均压环表面光滑，无锈蚀、损伤、变形、倾斜，螺栓无松动、脱落。

②本体各部位、冷却系统及连接管道无渗漏油。

③本体和分接开关储油柜外观无破损、锈蚀等。

（二）巡视规则

变压器为低层设备，无人机巡视时通常处于变压器与高层设备之间，无人机飞行及悬停时，应确保与高层设备保持足够的安全距离，巡视拍摄规则如下。

①无人机可见光巡检变压器应依次拍摄变压器套管及线夹、套管上部T型线夹。

②拍摄变压器套管及线夹时应悬停于变压器顶端斜上方，与变压器顶端成30°左右的角，小角度斜上方拍摄，要求图像能够清晰显示变压器套管外绝缘及线夹螺栓、螺帽。

③拍摄变压器套管上部T型线夹时应悬停于变压器上部T型线夹斜上方，平视T型线夹或俯视，小角度斜上方拍摄，要求图像能够清晰显示T型线夹螺栓连接情况。

（三）巡视点位

以一个变压器为例，无人机应拍摄变压器每相套管外绝缘及上部T接头，详细点位如表2-6所示。

（四）巡视路径

以一个变压器为例，按照最优安全作业的原则，应采用同高度作业方法，即同一航线中先一次性完成相同高度的点位巡视，再开展其他高度的点位巡视，巡视路径如

表 2-6　变压器无人机可见光巡视拍摄规则

无人机悬停区域	拍摄部位	拍摄部位编号	拍摄内容	拍摄角度	拍摄质量要求
A1	变压器A相套管	1	变压器套管外绝缘及线夹	与变压器顶端成30°左右的角度俯视，小角度斜上方拍摄	能够清晰显示变压器套管外绝缘及线夹螺栓、螺帽
B1	变压器B相套管	2	变压器套管外绝缘及线夹	与变压器顶端成30°左右的角度俯视，小角度斜上方拍摄	能够清晰显示变压器套管外绝缘及线夹螺栓、螺帽
C1	变压器C相套管	3	变压器套管外绝缘及线夹	与变压器顶端成30°左右的角度俯视，小角度斜上方拍摄	能够清晰显示变压器套管外绝缘及线夹螺栓、螺帽
A2	变压器A相套管	4	变压器上部T型线夹	平视T型线夹，或俯视，小角度斜上方拍摄	能够清晰显示T型线夹螺栓连接情况
B2	变压器B相套管	5	变压器上部T型线夹	平视T型线夹，或俯视，小角度斜上方拍摄	能够清晰显示T型线夹螺栓连接情况
C2	变压器C相套管	6	变压器上部T型线夹	平视T型线夹，或俯视，小角度斜上方拍摄	能够清晰显示T型线夹螺栓连接情况
悬停点位数：6	拍摄点位数：6				

图2-31所示。

图2-31　变压器无人机可见光巡检航线规划（220kV）

注：A1，变压器A相套管及线夹；B1，变压器B相套管及线夹；C1，变压器C相套管及线夹；A2，变压器A相T型线夹；B2，变压器B相T型线夹；C2，变压器C相T型线夹。

（五）照片样本

拍摄照片应能清晰显示变压器套管外绝缘及线夹、套管上部T型线夹，图2-32和图2-33为拍摄照片样本。

图2-32　变压器套管外绝缘及线夹可见光图例

图2-33　变压器套管上部T型线夹可见光图例

（六）注意事项

变压器等感抗性设备周围磁场干扰较大，且变压器周围出线较为复杂，无人机巡视时注意与变压器保持足够的安全距离，并尽量缩短巡视时间。

二、断路器巡视

（一）巡视要求

断路器巡视巡检的具体要求如下。

①本体外观清洁、无异物。外绝缘无裂纹、破损，增爬伞裙粘接牢固、无变形，防污涂料完好，无脱落、起皮。油断路器无渗漏油现象。

②金属法兰无裂痕，防水胶完好，连接螺栓无锈蚀、松动、脱落。断口电容器、电阻器无裂纹、破损，无渗漏油，防污闪涂料或伞裙无起皮、脱落等异常现象。

③引线无散股、断股，两端线夹无松动、裂纹，接头连接螺栓无锈蚀、松动、脱落。均压环表面光滑，无锈蚀、损伤、变形、倾斜，螺栓无锈蚀、松动、脱落。套管防雨帽无异物堵塞。

（二）巡视规则

断路器为低层设备，无人机巡视时通常处于断路器与高层设备之间，无人机飞行及悬停时，应确保与高层设备保持足够的安全距离，巡视拍摄规则如下。

①无人机可见光巡检断路器应依次拍摄断路器套管及线夹。具体断路器巡检规则如表2–7所示。

②拍摄断路器套管及线夹时应悬停于断路器一侧顶端斜上方，与断路器顶端成30°左右的角度俯视，小角度斜上方拍摄，要求图像能够清晰显示断路器套管外绝缘及线夹螺栓、螺帽。

（三）巡视点位

以一个线路间隔为例，无人机应拍摄每相断路器的套管及线夹，详细点位如表2–7所示。

（四）巡视路径

以一个线路间隔为例，按照最优安全作业的原则，应采用同高度作业方法，即同

表 2-7 断路器无人机可见光巡视拍摄规则

无人机悬停区域	拍摄部位	拍摄部位编号	拍摄内容	拍摄角度	拍摄质量要求
A1	A 相断路器	1	断路器套管及线夹	与断路器顶端成 30° 左右的角度俯视，小角度斜侧方拍摄	能够清晰辨别断路器套管外绝缘及线夹螺栓、螺帽
B1	B 相断路器	2	断路器套管及线夹	与断路器顶端成 30° 左右的角度俯视，小角度斜侧方拍摄	能够清晰辨别断路器套管外绝缘及线夹螺栓、螺帽
C1	C 相断路器	3	断路器套管及线夹	与断路器顶端成 30° 左右的角度俯视，小角度斜侧方拍摄	能够清晰辨别断路器套管外绝缘及线夹螺栓、螺帽
A2	A 相断路器	4	断路器套管及线夹	与断路器顶端成 30° 左右的角度俯视，小角度斜侧方拍摄	能够清晰辨别断路器套管外绝缘及线夹螺栓、螺帽
B2	B 相避雷器	5	断路器套管及线夹	与断路器顶端成 30° 左右的角度俯视，小角度斜侧方拍摄	能够清晰辨别断路器套管外绝缘及线夹螺栓、螺帽
C2	C 相断路器	6	断路器套管及线夹	与断路器顶端成 30° 左右的角度俯视，小角度斜侧方拍摄	能够清晰辨别断路器套管外绝缘及线夹螺栓、螺帽
悬停点位数：6 拍摄点位数：6					

一航线中先一次性完成相同高度的点位巡视，再开展其他高度的点位巡视，巡视路径如图 2-34 所示。

图 2-34 断路器无人机可见光巡检航线规划（220kV）

注：A1、A2，断路器 A 相套管及线夹；B1、B2，断路器 B 相套管及线夹；C1、C2，断路器 C 相套管及线夹。

（五）照片样本

拍摄照片应能清晰显示断路器顶部均压环连接螺丝和线夹螺丝，图2-35和图2-36为拍摄照片样本。

图2-35　断路器套管及线夹可见光图例一

图2-36　断路器套管及线夹可见光图例二

（六）注意事项

断路器两侧线夹不在同一平面，无人机巡视时须从两侧各拍摄一组照片，确保巡视无死角，并注意与带电设备保持足够的安全距离。

三、隔离开关巡视

（一）巡视要求

隔离开关巡视巡检的具体要求如下。

①导电部分合闸状态的隔离开关触头接触良好；分闸状态的隔离开关触头间的距离或打开角度符合要求。导电臂（管）无损伤、变形。引线无散股、断股，两端线夹无松动、裂纹。连接螺栓无锈蚀、松动、脱落。无分、合闸不到位的现象。导电底座无变形、裂纹，连接螺栓无锈蚀、松动、脱落，导电带无变形、断裂。均压环表面光滑，无锈蚀、损伤、变形、倾斜，螺栓无锈蚀、松动、脱落。无异常变位。

②绝缘子外观清洁，无倾斜、破损、裂纹。金属法兰与瓷件的胶装部位完好，防水胶无开裂、起皮、脱落。金属法兰无裂痕，连接螺栓无锈蚀、松动、脱落。

③传动部分传动连杆、拐臂、万向节无锈蚀、松动、变形。接地开关可动部件与其底座之间的软连接完好、牢固。机械闭锁位置正确，机械闭锁盘、闭锁板、闭锁销无锈蚀、变形、开裂，限位装置完好可靠。基座无裂纹、破损，连接螺栓无锈蚀、松动、脱落，其金属支架牢固，无变形现象。

（二）巡视规则

隔离开关为低层设备，无人机巡视时通常处于隔离开关与高层设备之间，无人机飞行及悬停时，应确保与高层设备保持足够的安全距离，巡视拍摄规则如下。

①无人机可见光巡检隔离开关应依次拍摄隔离开关套管及线夹。具体隔离开关巡检规则如表2-8所示。

②拍摄隔离开关套管及线夹时应悬停于隔离开关顶端斜上方，与隔离开关顶端成30°左右的角度俯视，小角度斜上方拍摄，要求图像能够清晰显示隔离开关套管外绝缘及线夹螺栓、螺帽。

（三）巡视点位

以一个线路间隔为例，无人机应拍摄每相隔离开关的套管及线夹，详细点位如表

2-8所示。

表 2-8　隔离开关无人机可见光巡视拍摄规则

无人机悬停区域	拍摄部位	拍摄部位编号	拍摄内容	拍摄角度	拍摄质量要求
A1	A 相隔离开关	1	隔离开关套管及线夹	与隔离开关顶端成 30° 左右的角度俯视，小角度斜上方拍摄	能够清晰显示隔离开关套管外绝缘及线夹螺栓、螺帽
B1	B 相隔离开关	2	隔离开关套管及线夹	与隔离开关顶端成 30° 左右的角度俯视，小角度斜上方拍摄	能够清晰显示隔离开关套管外绝缘及线夹螺栓、螺帽
C1	C 相隔离开关	3	隔离开关套管及线夹	与隔离开关顶端成 30° 左右的角度俯视，小角度斜上方拍摄	能够清晰显示隔离开关套管外绝缘及线夹螺栓、螺帽
悬停点位数：3　　拍摄点位数：3					

（四）巡视路径

以一个线路间隔为例，按照最优安全作业的原则，应采用同高度作业方法，即同一航线中先一次性完成相同高度的点位巡视，再开展其他高度的点位巡视，巡视路径如图2-37所示。

图2-37　隔离开关无人机可见光巡检航线规划（220kV）

注：A1，隔离开关A相套管及线夹；B1，隔离开关B相套管及线夹；C1，隔离开关C相套管及线夹。

（五）照片样本

拍摄照片应能清晰显示隔离开关套管外绝缘及线夹螺栓、螺帽，图2-38为拍摄照片样本。

图2-38 隔离开关套管及线夹可见光图例

（六）注意事项

无人机巡视隔离开关时，其处于电流互感器上方，特别要注意与下方的电流互感器保持足够的安全距离。

四、电流互感器巡视

（一）巡视要求

电流互感器巡视巡检的具体要求如下。

①金属部位无锈蚀，外绝缘表面完整无裂纹，防污闪涂料完整无脱落。干式电流互感器外绝缘表面无粉蚀、开裂，外露铁芯无锈蚀。油浸电流互感器各部位无渗漏油现象。

②等电位连接线完好，紧固螺丝无松动、脱落。

③引线无散股、断股，两端线夹无松动、裂纹。接头连接螺栓无锈蚀、松动、脱落。

④油浸电流互感器金属膨胀器无变形，膨胀位置指示无异常。

（二）巡视规则

电流互感器为低层设备，无人机巡视时通常处于电流互感器与高层设备之间，无人机飞行及悬停时，应确保与高层设备保持足够的安全距离，巡视拍摄规则如下。

①无人机可见光巡检电流互感器应依次拍摄电流互感器套管、膨胀器及线夹。具体电流互感器巡检规则如表2-9所示。

②拍摄电流互感器套管、膨胀器及线夹时应悬停于电流互感器顶端斜上方，与电流互感器顶端成30°左右的角，小角度斜上方拍摄，要求图像能够清晰显示电流互感器套管外绝缘、油位及线夹螺栓、螺帽。

（三）巡视点位

以一个线路间隔为例，无人机应拍摄每相电流互感器的顶部均压环及上部T接头，详细点位如表2-9所示。

表2-9　电流互感器无人机可见光巡视拍摄规则

无人机悬停区域	拍摄部位	拍摄部位编号	拍摄内容	拍摄角度	拍摄质量要求
A1	A相电流互感器	1	电流互感器套管、膨胀器及线夹	与电流互感器顶端成30°左右的角，小角度斜上方拍摄	能够清晰显示套管外绝缘、油位及线夹螺栓、螺帽
B1	B相电流互感器	2	电流互感器套管、膨胀器及线夹	与电流互感器顶端成30°左右的角，小角度斜上方拍摄	能够清晰显示套管外绝缘、油位及线夹螺栓、螺帽
C1	C相电流互感器	3	电流互感器套管、膨胀器及线夹	与电流互感器顶端成30°左右的角，小角度斜上方拍摄	能够清晰显示套管外绝缘、油位及线夹螺栓、螺帽
悬停点位数：3	拍摄点位数：3				

（四）巡视路径

以一个线路间隔为例，按照最优安全作业的原则，应采用同高度作业方法，即同一航线中先一次性完成相同高度的点位巡视，再开展其他高度的点位巡视，巡视路径如图2-39所示。

图2-39 电流互感器无人机可见光巡检航线规划（220kV）

注：A1，电流互感器A相套管、膨胀器及线夹；B1，电流互感器B相套管、膨胀器及线夹；C1，电流互感器C相套管、膨胀器及线夹。

（五）照片样本

拍摄照片应能清晰显示电流互感器套管外绝缘、油位及线夹螺栓、螺帽，图2-40为拍摄照片样本。

图2-40 电流互感器套管、膨胀器及线夹可见光图例

（六）注意事项

电流互感器有油位观察窗，无人机巡视拍摄时要在观察窗这一侧，以便能够清晰拍摄观察窗油位照片，并注意与带电设备保持足够的安全距离。

五、电压互感器及避雷器巡视

（一）巡视要求

电压互感器及避雷器巡视巡检的具体要求如下。

①电压互感器外绝缘表面完整无裂纹，防污闪涂料完整无脱落。金属部位无锈蚀。油浸电压互感器各部位无渗漏油现象。电容式电压互感器的电容分压器及电磁单元无渗漏油。各连接引线及接头无松动，引线无断股、散股。金属膨胀器膨胀位置指示无异常。

②避雷器瓷套部分无裂纹、破损，防污闪涂层无破裂、起皱、鼓泡、脱落。硅橡胶复合绝缘外套伞裙无破损、变形。密封结构金属件和法兰盘无裂纹、锈蚀。引线无松股、断股，接头无松动。均压环无位移、变形、锈蚀。防爆通道正常，防水、防潮措施无异常。

（二）巡视规则

电压互感器及避雷器为低层设备，无人机巡视时通常处于电压互感器及避雷器与高层设备之间，无人机飞行及悬停时，应确保与高层设备保持足够的安全距离，巡视拍摄规则如下。

①无人机可见光巡检电压互感器及避雷器应依次拍摄电压互感器及避雷器套管、线夹。具体的电压互感器及避雷器巡检规则如表2-10所示。

②拍摄电压互感器套管及线夹时应悬停于避雷器顶端斜上方，与电压互感器顶端成30°左右的角，小角度斜上方拍摄，要求图像能够清晰显示电压互感器套管外绝缘及线夹螺栓、螺帽。

③拍摄避雷器套管及线夹时应悬停于避雷器顶端斜上方，与避雷器顶端成30°左右的角，小角度斜上方拍摄，要求图像能够清晰显示避雷器套管外绝缘及线夹螺栓、螺帽。

（三）巡视点位

以一个线路间隔为例，无人机应拍摄每相避雷器的顶部均压环及上部T接头，详细点位如表2-10所示。

表2-10　避雷器无人机可见光巡视拍摄规则

无人机悬停区域	拍摄部位	拍摄部位编号	拍摄内容	拍摄角度	拍摄质量要求
A1	A相电压互感器	1	电压互感器套管及线夹	与电压互感器顶端成30°左右的角，小角度斜上方拍摄	能够清晰显示电压互感器套管外绝缘及线夹螺栓、螺帽
B1	B相电压互感器	2	电压互感器套管及线夹	与电压互感器顶端成30°左右的角，小角度斜上方拍摄	能够清晰显示电压互感器套管外绝缘及线夹螺栓、螺帽
C1	C相电压互感器	3	电压互感器套管及线夹	与电压互感器顶端成30°左右的角，小角度斜上方拍摄	能够清晰显示电压互感器套管外绝缘及线夹螺栓、螺帽
A2	A相避雷器	4	避雷器套管及线夹	与避雷器顶端成30°左右的角，小角度斜上方拍摄	能够清晰显示避雷器套管外绝缘及线夹螺栓、螺帽
B2	B相避雷器	5	避雷器套管及线夹	与避雷器顶端成30°左右的角，小角度斜上方拍摄	能够清晰显示避雷器套管外绝缘及线夹螺栓、螺帽
C2	C相避雷器	6	避雷器套管及线夹	与避雷器顶端成30°左右的角，小角度斜上方拍摄	能够清晰显示避雷器套管外绝缘及线夹螺栓、螺帽
悬停点位数：6　　拍摄点位数：6					

（四）巡视路径

以一个线路间隔为例，按照最优安全作业的原则，应采用同高度作业方法，即同一航线中先一次性完成相同高度的点位巡视，再开展其他高度的点位巡视，巡视路径如图2-41和图2-42所示。

（五）照片样本

拍摄照片应能清晰显示电压互感器及避雷器套管外绝缘及线夹螺栓、螺帽，图2-43和图2-44为拍摄照片样本。

（六）注意事项

避雷器位于线路出线侧，周围有较多的龙门架及杆塔，无人机巡视时注意与其保持足够的安全距离。

图2-41　电压互感器无人机可见光巡检航线规划（220kV）

注：A1，电压互感器A相套管及线夹；B1，电压互感器B相套管及线夹；C1，电压互感器C相套管及线夹。

图2-42　避雷器无人机可见光巡检航线规划（220kV）

注：A1，避雷器A相套管及线夹；B1，避雷器B相套管及线夹；C1，避雷器C相套管及线夹。

图2-43　电压互感器套管及线夹可见光图例

图2-44　避雷器套管及线夹可见光图例

六、母线及绝缘子巡视

（一）巡视要求

1. 母线巡视要求

①名称、电压等级、编号、相序等标识齐全、完好，清晰可辨。

②无异物悬挂。

③外观完好，表面清洁，连接牢固。

④无异常振动和声响。

⑤线夹、接头无过热，无异常。

⑥带电显示装置运行正常。

⑦软母线无断股、散股及腐蚀现象，表面光滑整洁。

⑧硬母线应平直，焊接面无开裂、脱焊，伸缩节应正常。

⑨绝缘母线表面绝缘包敷严密，无开裂、起层和变色。

⑩绝缘屏蔽母线屏蔽接地应接触良好。

2. 引流线巡视要求

①引线无断股或松股现象，连接螺栓无松动、脱落、腐蚀，无异物悬挂。

②线夹、接头无过热，无异常。

③无绷紧或松弛现象。

3. 金具巡视要求

①无锈蚀、变形、损伤。

②伸缩节无变形、散股及支撑螺杆脱出现象。

③线夹无松动，均压环平整牢固，无过热发红现象。

4. 绝缘子巡视要求

①绝缘子防污闪涂料无大面积脱落、起皮。

②绝缘子各连接部位无松动，连接销子无脱落等，金具和螺栓无锈蚀。

③绝缘子表面无裂纹、破损和电蚀，无异物附着。

④支柱绝缘子伞裙、基座及法兰无裂纹。

⑤支柱瓷瓶及硅橡胶增爬伞裙表面清洁，无裂纹及放电痕迹。

⑥支柱绝缘子无倾斜。

（二）巡视规则

母线及绝缘子为中高层设备，无人机巡视时通常处于设备上方，无人机飞行及悬停时，应确保与高层设备保持足够的安全距离，巡视拍摄规则如下。

①无人机可见光巡检母线应依次拍摄引线连接处、母线本体、绝缘子全貌。

②拍摄线夹与引线连接处时应悬停于设备斜上方，平视引线连接处或俯视，小角度斜上方拍摄，要求图像能够清晰显示螺丝螺帽及各类金具连接情况。

③拍摄绝缘子时应悬停于绝缘子顶端斜上方，与绝缘子顶端成30°左右的角，小角度斜上方拍摄，要求图像能够清晰显示绝缘子外观。

（三）巡视点位

以一个线路间隔为例，无人机应拍摄母线、引线接头、绝缘子全貌外观，详细点位如表2–11所示。

表2–11 母线及绝缘子无人机可见光巡视拍摄规则

无人机悬停区域	拍摄部位	拍摄部位编号	拍摄内容	拍摄角度	拍摄质量要求
A1	引线连接处	1	引线及接头连接处	平视线夹、引线连接处或俯视，小角度斜上方拍摄	能够清晰显示顶端连接处螺丝螺帽及各类金具
B1	绝缘子	2	绝缘子外观	与绝缘子成30°左右的角，小角度斜上方拍摄	能够清晰显示绝缘子外观
C1	母线本体	3	母线全貌外观	与母线成30°左右的角，小角度斜上方拍摄	能够清晰显示母线外观及连接情况
A2	引线连接处	4	引线及接头连接处	平视线夹、引线连接处或俯视，小角度斜上方拍摄	能够清晰显示顶端连接处螺丝螺帽及各类金具
B2	绝缘子	5	绝缘子外观	与绝缘子成30°左右的角，小角度斜上方拍摄	能够清晰显示绝缘子外观
C2	母线本体	6	母线全貌外观	与母线成30°左右的角，小角度斜上方拍摄	能够清晰显示母线外观及连接情况
悬停点位数：6	拍摄点位数：6				

（四）巡视路径

以一个线路间隔为例，按照最优安全作业的原则，应采用同高度作业方法，即同一航线中先一次性完成相同高度的点位巡视，再开展其他高度的点位巡视，巡视路径如图2–45所示。

图2-45 母线及绝缘子无人机可见光巡检航线规划

(五)照片样本

拍摄照片应能清晰显示绝缘子外观、引线连接处情况,图2-46和图2-47为拍摄照片样本。

图2-46 绝缘子可见光图例

图2-47 引线连接处可见光图例

（六）注意事项

①作业人员应熟悉巡检变电站设备设施情况。

②无人机起降点应与变电设备设施保持足够的安全距离，磁场环境不应影响无人机起降，风向有利，具备起降条件。

③作业现场不应使用可能对无人机巡检系统通信链路造成干扰的电子设备。

④作业前，无人机应预先设置紧急情况下安全避障、失速保护、低电量悬停等安全策略。

七、组合电器巡视

（一）组合电器巡视要求

①绝缘子表面应清洁，无裂纹、破损、焊接残留斑点等缺陷，瓷铁粘合应牢固，外观着色统一，相色分明，金属部件无锈蚀。

②符合设计要求，应无缺件、倾斜，螺栓紧固，油漆严密，相色齐全，接地良好。接地闸刀垂直连杆上涂以黑色油漆。套管均压环安装牢固、垂直。

③SF_6气体压力表或密度继电器外观完好，编号标识清晰完整，二次电缆无脱落，无破损或渗漏油，防雨罩完好。

④盆式绝缘子分类标示清楚，可有效分辨通盆和隔盆，外观无损伤、裂纹。端连接牢固，焊接部位和接地部分符合规范要求。

⑤引线无散股、断股；引线连接部位接触良好，无裂纹、发热变色、变形等现象。

⑥伸缩节外观完好，无破损、变形、锈蚀等现象。

⑦套管表面清洁，无开裂、放电痕迹及其他异常现象；金属法兰与瓷件胶装部位粘合应牢固，防水胶应完好。

（二）巡视规则

组合电器为中低层设备，无人机巡视时通常处于设备上方，无人机飞行及悬停时，应确保与中低层设备保持足够的安全距离，巡视拍摄规则如下。

①无人机可见光巡检组合电器应依次拍摄本体外观、套管全貌。

②拍摄组合电器应悬停于设备正上方，或斜上方，小角度拍摄，要求图像能够清晰显示螺丝螺帽及各类金具连接情况。

③拍摄套管时应悬停于绝缘子顶端斜上方，小角度斜上方拍摄，要求图像能够清晰显示套管有无损伤破裂。

（三）巡视点位

以一个间隔为例，无人机应拍摄组合电器外观，详细点位如表2-12所示。

表2-12　组合电器无人机可见光巡视拍摄规则

无人机悬停区域	拍摄部位	拍摄部位编号	拍摄内容	拍摄角度	拍摄质量要求
A1	本体1	1	本体外观正面	与组合电器正面成30°左右的角，小角度斜上方拍摄	能够清晰显示顶端连接处螺丝螺帽及各类金具
B1	本体2	2	本体外观上面	在组合电器正上方俯视	能够清晰显示顶端连接处螺丝螺帽及各类金具
C1	本体3	3	本体外观背面	与组合电器背面成30°左右的角，小角度斜上方拍摄	能够清晰显示顶端连接处螺丝螺帽及各类金具
A2	套管1	4	外观	小角度斜上方拍摄	能够清晰显示套管有无损伤破裂
B2	套管2	5	外观	小角度斜上方拍摄	能够清晰显示套管有无损伤破裂
悬停点位数：5　拍摄点位数：5					

（四）巡视路径

以一个间隔为例，按照最优安全作业的原则，应采用同高度作业方法，即同一航线中先一次性完成相同高度的点位巡视，再开展其他高度的点位巡视，巡视路径如图2–48所示。

图2–48 组合电器无人机可见光巡检航线规划

（五）照片样本

拍摄照片应能清晰显示组合电器外观情况，图2–49和图2–50为拍摄照片样本。

（六）注意事项

①作业人员应熟悉巡检变电站设备设施情况。

②无人机起降点应与变电设备设施保持足够的安全距离，磁场环境不应影响无人机起降，风向有利，具备起降条件。

③作业现场不应使用可能对无人机巡检系统通信链路造成干扰的电子设备。

④作业前，无人机应预先设置紧急情况下安全避障、失速保护、低电量悬停等安全策略。

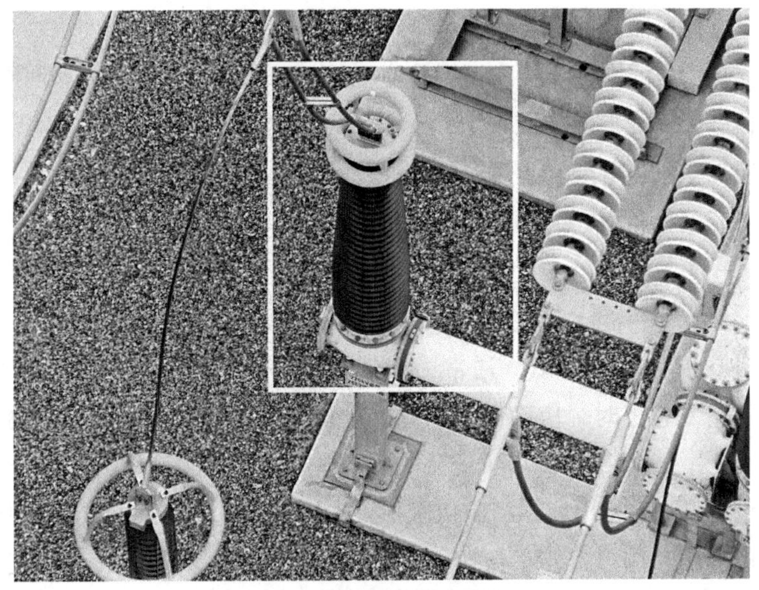

图2-49　套管可见光图例

图2-50　组合电器可见光图例

八、无功设备巡视

（一）电容器巡视要求

①电容器熔丝完好。

②电容器无渗液，放电线圈无渗油。

③套管及支持瓷瓶完好，无破损、裂纹及放电痕迹。

④电容器、放电线圈各连接头试温片应完整，无脱落或变色发热等现象。

⑤电容器外壳无变形及鼓肚现象，支架上无杂物，特别要确定支架顶部无鸟窝等，干抗表面涂层无变色、龟裂、脱落或爬电痕迹。

⑥避雷器应垂直和牢固，瓷瓶无破损裂纹及放电痕迹，油位正常。

（二）巡视规则

无功设备主要为电容器组，通常为中低层设备，无人机巡视时通常处于设备上方，无人机飞行及悬停时，应确保与中低层设备保持足够的安全距离，巡视拍摄规则如下。

①无人机可见光巡检电容器组应依次拍摄本体、放电线圈、电抗器外观全貌。

②拍摄电容器组应悬停于设备正上方或斜上方，斜视或俯视，小角度拍摄，要求图像能够清晰显示电容器壳体有无变色、膨胀变形，套管是否完好，有无破损裂纹及放电痕迹，线圈有无松动破损情况。

（三）巡视点位

以一个间隔为例，无人机应拍摄电容器组外观全貌，详细点位如表2–13所示。

表2–13 无功设备无人机可见光巡视拍摄规则

无人机悬停区域	拍摄部位	拍摄部位编号	拍摄内容	拍摄角度	拍摄质量要求
A1	本体1	1	本体外观	斜视或俯视设备，小角度拍摄	能够清晰显示外观是否有破损，有无放电痕迹及破裂现象
B1	本体2	2	本体外观	斜视或俯视设备，小角度拍摄	能够清晰显示外观是否有破损，有无放电痕迹及破裂现象
C1	本体3	3	本体外观	斜视或俯视设备，小角度拍摄	能够清晰显示外观是否有破损，有无放电痕迹及破裂现象
A2	本体1	4	本体外观	斜视或俯视设备，小角度拍摄	能够清晰显示外观是否有破损，有无放电痕迹及破裂现象
B2	本体2	5	本体外观	斜视或俯视设备，小角度拍摄	能够清晰显示外观是否有破损，有无放电痕迹及破裂现象
C2	本体3	6	本体外观	斜视或俯视设备，小角度拍摄	能够清晰显示外观是否有破损，有无放电痕迹及破裂现象

续表

无人机悬停区域	拍摄部位	拍摄部位编号	拍摄内容	拍摄角度	拍摄质量要求
A3	本体 1	7	本体外观	斜视或俯视设备，小角度拍摄	能够清晰显示外观是否有破损，有无放电痕迹及破裂现象
B3	本体 2	8	本体外观	斜视或俯视设备，小角度拍摄	能够清晰显示外观是否有破损，有无放电痕迹及破裂现象
C3	本体 3	9	本体外观	斜视或俯视设备，小角度拍摄	能够清晰显示外观是否有破损，有无放电痕迹及破裂现象
悬停点位数：9 拍摄点位数：9					

（四）巡视路径

以一个间隔为例，按照最优安全作业的原则，应采用同高度作业方法，即同一航线中先一次性完成相同高度的点位巡视，再开展其他高度的点位巡视，巡视路径如图2-51所示。

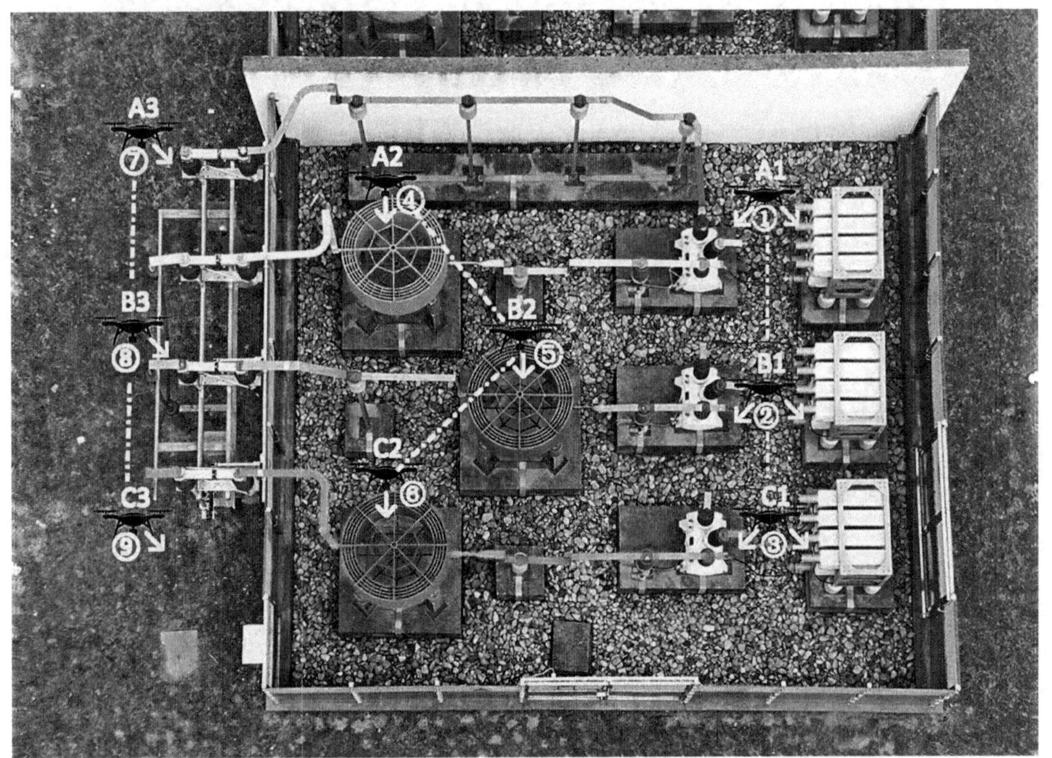

图2-51 电容器无人机可见光巡检航线规划

（五）照片样本

拍摄照片应能清晰显示电容器组本体、放电线圈、电抗器情况，图2–52和图2–53为拍摄照片样本。

图2–52　电容器组可见光图例

图2–53　放电线圈可见光图例

（六）注意事项

①作业人员应熟悉巡检变电站设备设施情况。

②无人机起降点应与变电设备设施保持足够的安全距离，磁场环境不应影响无人机起降，风向有利，具备起降条件。

③作业现场不应使用可能对无人机巡检系统通信链路造成干扰的电子设备。

④作业前，无人机应预先设置紧急情况下安全避障、失速保护、低电量悬停等安全策略。

九、构支架、避雷针巡视

（一）构支架、避雷针巡视要求

1.构支架巡视要求

①无变形、倾斜，无严重裂纹。基础无沉降、开裂，保护帽、散水完好。无异物搭挂。

②接地引下线无断裂、锈蚀，连接紧固，色标清晰可辨。

③钢构支架防腐涂层完好、无锈蚀，排水孔畅通，无堵塞、积水。

④钢筋混凝土构支架两杆连接抱箍横梁处无锈蚀、腐烂，连接牢固。

⑤钢筋混凝土构支架外皮无脱落，无风化露筋现象，无贯穿性裂纹。

⑥构支架基础沉降指示在标高基准点范围内。连接部件、螺栓牢固，无锈蚀、松动、焊缝开裂、断裂等现象。

2.避雷针巡视要求

①运行编号标识清晰。避雷针本体塔材无缺失、脱落，无摆动、倾斜、裂纹、锈蚀。

②避雷针接地引下线焊接处无开裂，压接螺栓无松动，连接处无锈蚀。

③黄绿相间的接地标识清晰，无脱落、变色。避雷针连接部件螺栓无松动，脱落。

④连接部件本体无裂纹；镀锌层表面应光滑、连续、完整，呈灰色或暗灰色，无黄色、铁红色、鼓泡及起皮等异常现象。

⑤钢管避雷针无锈蚀。避雷针基础完好，无沉降、破损、酥松、裂纹及露筋等现象。

（二）巡视规则

构支架、避雷针为中高层设备，无人机巡视时通常处于构支架上方、避雷针侧上方，无人机飞行及悬停时，应确保与设备保持足够的安全距离，巡视拍摄规则如下。

①无人机可见光巡检构支架、避雷针应依次拍摄构支架外观全貌、避雷针外观。

②拍摄构支架时应悬停于设备斜上方，小角度拍摄，要求图像能够清晰显示构支架外观，是否有异物、变形倾斜、裂纹等情况。

③拍摄避雷针时应悬停于设备侧面，平视或俯视构支架，小角度拍摄，要求图像能够清晰显示避雷针顶部塔材有无缺失、脱落、倾斜、裂纹、锈蚀等情况。

（三）巡视点位

以一个线路间隔为例，无人机应拍摄构支架全貌、避雷针全貌，详细点位如表2-14所示。

表2-14　构支架、避雷针无人机可见光巡视拍摄规则

无人机悬停区域	拍摄部位	拍摄部位编号	拍摄内容	拍摄角度	拍摄质量要求
A1	构支架本体	1	构支架本体	与构支架成30°左右的角，小角度斜上方拍摄	能够清晰显示构支架外观，是否有异物、变形倾斜、裂纹等
B1	构支架外观	2	本体外观	与构支架成30°左右的角，小角度斜上方拍摄	能够清晰显示金具、螺栓及构支架链接插销连接是否紧固，构支架上有无异物
A2	避雷针顶部	3	避雷针上部外观	平视或俯视避雷针顶部，小角度斜上方拍摄	能够清晰显示避雷针顶部塔材有无缺失、脱落，倾斜、裂纹、锈蚀等情况
B2	避雷针中部	4	避雷针中部外观	平视或俯视避雷针中部，小角度斜上方拍摄	能够清晰显示法兰盘连接螺栓有无锈蚀、松动、脱落等情况
悬停点位数：4	拍摄点位数：4				

（四）巡视路径

以一个线路间隔为例，按照最优安全作业的原则，应采用同高度作业方法，即同一航线中先一次性完成相同高度的点位巡视，再开展其他高度的点位巡视，巡视路径如图2-54所示。

图2-54　构支架、避雷针无人机可见光巡检航线规划

（五）照片样本

拍摄照片应能清晰显示构支架、避雷针外观，是否有异物、变形倾斜、裂纹等情况，图2-55至2-57为拍摄照片样本。

图2-55　构支架可见光图例

图2-56 避雷针可见光图例

图2-57 法兰盘可见光图例

（六）注意事项

①作业人员应熟悉巡检变电站设备设施情况。

②无人机起降点应与变电设备设施保持足够的安全距离，磁场环境不应影响无人机起降，风向有利，具备起降条件。

③作业现场不应使用可能对无人机巡检系统通信链路造成干扰的电子设备。

④作业前，无人机应预先设置紧急情况下安全避障、失速保护、低电量悬停等安全策略。

十、辅助设施巡视

（一）辅助设施巡视要求

①墙面清洁、无破损，内墙无渗漏水痕迹，地面清洁、无积水、无裂纹。

②围墙无开裂、倾斜、下沉、倒塌等。

③大门开启灵活，安装牢固，无锈蚀、变形。

④门窗无破损、变形，窗帘、窗纱无破损。

⑤站内给排水管道、消防管道无锈蚀、破损。

⑥构架基础无开裂、倾斜、下沉、鼓胀，保护帽表面平滑，无破损。

⑦路面无破损、开裂、塌陷等。

（二）巡视规则

辅助设施主要为房屋屋顶，通常处于中高层，无人机巡视时通常处于设备上方，无人机飞行及悬停时，应确保与辅助设施保持足够的安全距离，巡视拍摄规则如下。

①无人机可见光巡检房屋屋顶应依次拍摄屋顶外观全貌。

②拍摄房屋屋顶应悬停于屋顶正上方或斜上方，俯视拍摄或小角度斜上方拍摄，要求图像能够清晰显示屋顶杂草、异物、积水情况。

（三）巡视点位

以建筑屋顶为例，无人机应拍摄屋顶外观全貌，详细点位如表2-15所示。

表2-15　辅助设施无人机可见光巡视拍摄规则

无人机悬停区域	拍摄部位	拍摄部位编号	拍摄内容	拍摄角度	拍摄质量要求
A1	屋顶1	1	外观	斜视或俯视屋顶，小角度俯视拍摄或斜上方拍摄	能够清晰显示屋顶是否有杂草、异物、积水等
B1	屋顶2	2	外观	斜视或俯视屋顶，小角度俯视拍摄或斜上方拍摄	能够清晰显示屋顶是否有杂草、异物、积水等
悬停点位数：2　　拍摄点位数：2					

（四）巡视路径

以建筑屋顶为例，按照最优安全作业的原则，应采用同高度作业方法，即同一航线中先一次性完成相同高度的点位巡视，再开展其他高度的点位巡视，巡视路径如图2-58所示。

图2-58　辅助设施无人机可见光巡检航线规划

（五）照片样本

拍摄照片应能清晰显示屋顶外观状况，图2-59为拍摄照片样本。

图2-59　屋顶可见光图例

（六）注意事项

①作业人员应熟悉巡检变电站设备设施情况。

②无人机起降点应与变电设备设施保持足够的安全距离，磁场环境不应影响无人机起降，风向有利，具备起降条件。

③作业现场不应使用可能对无人机巡检系统通信链路造成干扰的电子设备。

④作业前，无人机应预先设置紧急情况下安全避障、失速保护、低电量悬停等安全策略。

第三章

变电站无人机红外检测作业方法

第一节　断路器红外巡检

一、断路器巡检规则

①无人机红外巡检断路器应依次拍摄断路器上部连接板、下部连接板。

②拍摄断路器上部连接板时应在距断路器稍近处，小角度斜上方拍摄，要求图像能够显示连接板、螺栓、螺母以及搭接面热点。

③拍摄断路器下部连接板时应在距断路器下部稍近处，小角度斜上方拍摄，要求图像能够显示连接板、螺栓、螺母以及搭接面热点。

二、断路器巡检点位

以一台线路断路器为例，无人机红外检测应依次拍摄断路器上部连接板、下部连接板，详细点位如表3–1所示。

表3–1　断路器无人机红外巡检拍摄规则

无人机悬停区域	拍摄部位	拍摄部位编号	拍摄内容	拍摄角度	拍摄质量要求
A1	C相断路器	1	断路器上部连接板	在距断路器稍近处，小角度斜上方拍摄	能够显示连接板、螺栓、螺母以及搭接面热点
B1	B相断路器	2	断路器上部连接板	在距断路器稍近处，小角度斜上方拍摄	能够显示连接板、螺栓、螺母以及搭接面热点
C1	A相断路器	3	断路器上部连接板	在距断路器稍近处，小角度斜上方拍摄	能够显示连接板、螺栓、螺母以及搭接面热点
A2	C相断路器	4	断路器下部连接板	在距断路器下部稍近处，小角度斜上方拍摄	能够显示连接板、螺栓、螺母以及搭接面热点
B2	B相断路器	5	断路器下部连接板	在距断路器下部稍近处，小角度斜上方拍摄	能够显示连接板、螺栓、螺母以及搭接面热点
C2	A相断路器	6	断路器下部连接板	在距断路器下部稍近处，小角度斜上方拍摄。	能够显示连接板、螺栓、螺母以及搭接面热点
悬停点位数：6	拍摄点位数：6				

三、断路器巡检路径

以一台线路断路器为例，无人机红外检测采用同高度作业方法，依次拍摄断路器上部连接板、下部连接板，巡检路径如图3-1所示，即按照A1—B1—C1—A2—B2—C2的巡检路径开展红外巡检。

图3-1 断路器无人机红外巡检航线规划

四、断路器红外照片样本

红外照片应能够显示连接板、螺栓、螺母以及搭接面热点。图3-2至3-4为照片样本。

五、断路器红外巡检注意事项

①无人机巡检时注意与带电设备保持足够的安全距离。

②拍摄时应设置合理的红外参数，同时保证对焦准确、曝光合理、红外图像不模糊；拍摄目标要在图片中间位置。

③户外无人机红外巡检期间以阴天或晴天日落后时段为佳，避免阳光直射，禁止夜间无人机红外巡检。

图3-2　断路器整体红外图例

图3-3　断路器连接板红外图例

④断路器红外巡检应重点关注电流致热型缺陷，对于可能发热的搭接面、连接板等开展重点巡检。

图3-4 断路器B相流变侧搭接头异常发热红外图例

第二节　隔离开关红外巡检

一、隔离开关巡检规则

①无人机红外巡检隔离开关应依次拍摄隔离开关左/右侧动静触头及连接板。

②拍摄隔离开关左侧动静触头及连接板时在距隔离开关稍近处，小角度斜左上方拍摄，要求图像能够显示连接板、螺栓、螺母以及搭接面热点，有部件遮挡时，采取多角度拍摄。

③拍摄隔离开关右侧动静触头及连接板时在距隔离开关稍近处，小角度斜右上方拍摄，要求图像能够显示连接板、螺栓、螺母以及搭接面热点，有部件遮挡时，采取多角度拍摄。

二、隔离开关巡检点位

以一台隔离开关为例，无人机红外检测应依次拍摄隔离开关左/右侧动静触头及连接板，详细点位如表3-2所示。

表3-2　隔离开关无人机红外巡检拍摄规则

无人机悬停区域	拍摄部位	拍摄部位编号	拍摄内容	拍摄角度	拍摄质量要求
A	C相隔离开关	1	隔离开关左侧动静触头及连接板	在距隔离开关稍近处，小角度斜左上方拍摄	能够显示连接板、螺栓、螺母以及搭接面热点，有部件遮挡时，采取多角度拍摄
B	B相隔离开关	2	隔离开关左侧动静触头及连接板	在距隔离开关稍近处，小角度斜左上方拍摄	能够显示连接板、螺栓、螺母以及搭接面热点，有部件遮挡时，采取多角度拍摄
C	A相隔离开关	3	隔离开关左侧动静触头及连接板	在距隔离开关稍近处，小角度斜左上方拍摄	能够显示连接板、螺栓、螺母以及搭接面热点，有部件遮挡时，采取多角度拍摄

续表

无人机悬停区域	拍摄部位	拍摄部位编号	拍摄内容	拍摄角度	拍摄质量要求
D	A 相隔离开关	4	隔离开关右侧动静触头及连接板	在距隔离开关稍近处，小角度斜右上方拍摄	能够显示连接板、螺栓、螺母以及搭接面热点，有部件遮挡时，采取多角度拍摄
E	B 相隔离开关	5	隔离开关右侧动静触头及连接板	在距隔离开关稍近处，小角度斜右上方拍摄	能够显示连接板、螺栓、螺母以及搭接面热点，有部件遮挡时，采取多角度拍摄
F	C 相隔离开关	6	隔离开关右侧动静触头及连接板	在距隔离开关稍近处，小角度斜右上方拍摄	能够显示连接板、螺栓、螺母以及搭接面热点，有部件遮挡时，采取多角度拍摄
悬停点位数：6　　拍摄点位数：6					

三、隔离开关巡检路径

以一台线路隔离开关为例，无人机红外检测采用同高度作业方法，依次拍摄隔离开关左/右侧动静触头及连接板，巡检路径如图3-5所示，即按照A—B—C—D—E—F的巡检路径开展红外巡检。

图3-5　隔离开关无人机红外巡检航线规划

四、隔离开关红外照片样本

隔离开关无人机拍摄红外照片要能够显示连接板、螺栓、螺母以及搭接面热点，有部件遮挡时，采取多角度拍摄。图3-6至3-8为照片样本。

图3-6　隔离开关动静触头及连接板红外图例

图3-7　剪刀式隔离开关动静触头红外图例

图3-8　隔离开关单相动静触头及连接板红外图例

五、隔离开关红外巡检注意事项

①无人机巡检时注意与带电设备保持足够的安全距离。

②拍摄时应设置合理的红外参数，同时保证对焦准确、曝光合理、红外图像不模糊；拍摄目标要在图片中间位置。

③户外无人机红外巡检期间以阴天或晴天日落后时段为佳，避免阳光直射，禁止夜间无人机红外巡检。

④隔离开关红外巡检应重点关注电流致热型缺陷，对于可能发热的动静触头接触面、搭接面、连接板等开展重点巡检。

第三节　电流互感器红外巡检

一、电流互感器巡检规则

①无人机红外巡检电流互感器应依次拍摄电流互感器本体、左/右侧连接板。

②拍摄电流互感器本体时应在距电流互感器稍远处，与顶端成30°左右的角度俯视拍摄，要求电流互感器本体完全在画面里，能够清晰监测本体热像分布，主体上下占比不低于全幅80%。

③拍摄电流互感器左/右侧连接板时应在距电流互感器稍远处，与顶端成30°左右的角度俯视拍摄，要求图像能够显示两侧连接板螺栓螺帽、连接板，清晰显示连接板热像分布。

二、电流互感器巡检点位

以一台线路断路器为例，无人机红外检测应依次拍摄断路器上部连接板、下部连接板，详细点位如表3-3所示。

表3-3　电流互感器无人机红外巡检拍摄规则

无人机悬停区域	拍摄部位	拍摄部位编号	拍摄内容	拍摄角度	拍摄质量要求
A	A相电流互感器	1	电流互感器本体	在距电流互感器稍远处，与顶端成30°左右的角度俯视拍摄	电流互感器本体完全在画面里，能够清晰监测本体热像分布，主体上下占比不低于全幅80%
		2	电流互感器左侧连接板	在距电流互感器稍远处，与顶端成30°左右的角度俯视拍摄	能够显示两侧连接板螺丝螺帽、连接板，清晰显示连接板热像分布
		3	电流互感器右侧连接板	在距电流互感器稍远处，与顶端成30°左右的角度俯视拍摄	能够显示两侧连接板螺丝螺帽、连接板，清晰显示连接板热像分布

续表

无人机悬停区域	拍摄部位	拍摄部位编号	拍摄内容	拍摄角度	拍摄质量要求
B	B 相电流互感器	4	电流互感器本体	在距电流互感器稍远处，与顶端成 30° 左右的角度俯视拍摄	电流互感器本体完全在画面里，能够清晰监测本体热像分布，主体上下占比不低于全幅 80%
		5	电流互感器左侧连接板	在距电流互感器稍远处，与顶端成 30° 左右的角度俯视拍摄	能够显示两侧连接板螺丝螺帽、连接板，清晰显示连接板热像分布
		6	电流互感器右侧连接板	在距电流互感器稍远处，与顶端成 30° 左右的角度俯视拍摄	能够显示两侧连接板螺丝螺帽、连接板，清晰显示连接板热像分布
C	C 相电流互感器	7	电流互感器本体	在距电流互感器稍远处，与顶端成 30° 左右的角度俯视拍摄	电流互感器本体完全在画面里，能够清晰监测本体热像分布，主体上下占比不低于全幅 80%
		8	电流互感器左侧连接板	在距电流互感器稍远处，与顶端成 30° 左右的角度俯视拍摄	能够显示两侧连接板螺丝螺帽、连接板，清晰显示连接板热像分布
		9	电流互感器右侧连接板	在距电流互感器稍远处，与顶端成 30° 左右的角度俯视拍摄	能够显示两侧连接板螺丝螺帽、连接板，清晰显示连接板热像分布
悬停点位数：3	拍摄点位数：9				

三、电流互感器巡检路径

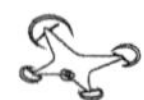

以一台电流互感器为例，无人机红外检测采用同高度作业方法，依次拍摄电流互感器本体、左/右侧连接板，巡检路径如图 3-9 所示。

四、电流互感器红外照片样本

红外照片要能够显示两侧连接板螺栓螺帽、连接板，清晰显示连接板热像分布。图 3-10 和图 3-11 为照片样本。

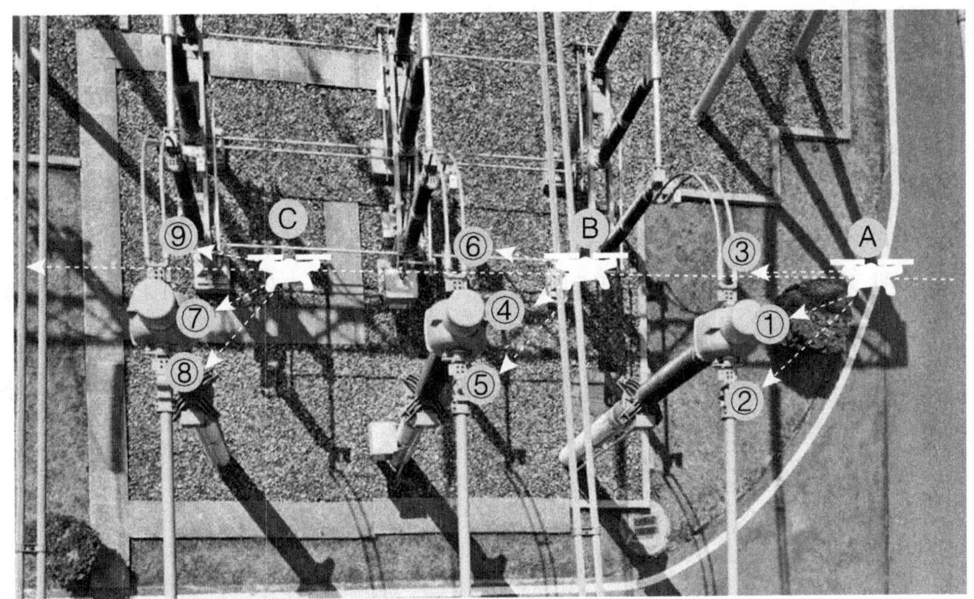

图3-9　电流互感器无人机红外巡检航线规划

图3-10　电流互感器本体红外图例

图3-11　电流互感器连接板红外图例

五、电流互感器红外巡检注意事项

①无人机巡检时注意与带电设备保持足够的安全距离。

②拍摄时应设置合理的红外参数，同时保证对焦准确、曝光合理、红外图像不模糊；拍摄目标要在图片中间位置。

③户外无人机红外巡检期间以阴天或晴天日落后时段为佳、避免阳光直射，禁止夜间无人机红外巡检。

④电流互感器红外巡检应重点关注电流致热型缺陷，对于可能发热的串并联排、搭接面、连接板等开展重点巡检。

第四节　电压互感器红外巡检

一、电压互感器巡检规则

①无人机红外巡检电压互感器应依次拍摄电压互感器顶端连接板及T型线夹。

②拍摄电压互感器顶端连接板时应在距电压互感器外侧稍远处，与顶端成30°左右的角度俯视拍摄，要求图像能够显示顶端连接板螺栓螺帽、连接板，清晰显示连接板热像分布；拍摄T型线夹时应平视或俯视T型线夹，小角度拍摄，要求图像能够显示T型线夹螺栓，清晰显示线夹热像。

二、电压互感器巡检点位

以一台电压互感器为例，无人机红外检测应依次拍摄断路器上部连接板、下部连接板，详细点位如表3-4所示。

表3-4　电压互感器无人机红外巡检拍摄规则

无人机悬停区域	拍摄部位	拍摄部位编号	拍摄内容	拍摄角度	拍摄质量要求
A	A相电压互感器	1	电压互感器顶端连接板	在距电压互感器外侧稍远处，与顶端成30°左右的角度俯视拍摄	能够显示顶端连接板螺丝螺帽、连接板，清晰显示连接板热像分布
		2	电压互感器T型线夹	平视或俯视T型线夹，小角度斜上方拍摄	能够显示T型线夹螺栓，清晰显示线夹热像
B	B相电压互感器	3	电压互感器顶端连接板	在距电压互感器外侧稍远处，与顶端成30°左右的角度俯视拍摄	能够显示顶端连接板螺丝螺帽、连接板，清晰显示连接板热像分布
		4	电压互感器T型线夹	平视或俯视T型线夹，小角度斜上方拍摄	能够显示T型线夹螺栓，清晰显示线夹热像

续表

无人机悬停区域	拍摄部位	拍摄部位编号	拍摄内容	拍摄角度	拍摄质量要求
C	C 相电压互感器	5	电压互感器顶端连接板	在距电压互感器外侧稍远处，与顶端成 30° 左右的角度俯视拍摄	能够显示顶端连接板螺丝螺帽、连接板，清晰显示连接板热像分布
		6	电压互感器 T 型线夹	平视或俯视 T 型线夹，小角度斜上方拍摄	能够显示 T 型线夹螺栓，清晰显示线夹热像
悬停点位数：3　　拍摄点位数：6					

三、电压互感器巡检路径

以一台三相电压互感器为例，无人机红外检测采用同高度作业方法，应依次拍摄电压互感器顶端连接板及T型线夹，巡检路径如图3-12所示，即按照①—②—③—④—⑤—⑥的巡检路径开展红外巡检。

图3-12　电压互感器无人机红外巡检航线规划

四、电压互感器红外照片样本

红外照片要能够显示顶端连接板螺栓螺帽、连接板，清晰显示连接板热像分布；拍摄T型线夹时应平视或俯视T型线夹，小角度斜上方拍摄，要求图像能够显示T型线夹螺栓，清晰显示线夹热像。图3-13至3-16为照片样本。

图3-13　电压互感器整体红外图例

图3-14　电压互感器单相红外图例

图3-15 电压互感器顶端连接板红外图例

图3-16 电压互感器顶端连接板红外图例

五、电压互感器红外巡检注意事项

①无人机巡检时注意与带电设备保持足够的安全距离。

②拍摄时应设置合理的红外参数，同时保证对焦准确、曝光合理、红外图像不模糊；拍摄目标要在图片中间位置。

③户外无人机红外巡检期间以阴天或晴天日落后时段为佳，避免阳光直射，禁止夜间无人机红外巡检。

④电压互感器红外巡检应重点关注顶端连接板电流致热型缺陷和本体电压致热型缺陷，对于可能发热的搭接面、电压互感器本体和电磁单元等开展重点巡检。

第五节 避雷器红外巡检

一、避雷器巡检规则

①无人机红外巡检避雷器应依次拍摄避雷器T型线夹、避雷器顶端连接板。

②拍摄避雷器T型线夹时应平视或俯视T型线夹，小角度斜上方拍摄，要求图像能够显示T型线夹螺栓，清晰显示线夹热像。

③拍摄避雷器顶端连接板时应与顶端成30°左右的角度俯视，小角度斜上方拍摄，要求图像能够显示顶端连接板螺栓螺帽、连接板，清晰显示连接板热像分布。

二、避雷器巡检点位

以一台三相避雷器为例，无人机红外检测应依次拍摄避雷器T型线夹、避雷器顶端连接板，详细点位如表3-5所示。

表 3-5 避雷器无人机红外巡检拍摄规则

无人机悬停区域	拍摄部位	拍摄部位编号	拍摄内容	拍摄角度	拍摄质量要求
A1	A 相避雷器	1	避雷器 T 型线夹	平视或俯视 T 型线夹，小角度斜上方拍摄	能够显示 T 型线夹螺栓，清晰显示线夹热像
B1	B 相避雷器	2	避雷器 T 型线夹	平视或俯视 T 型线夹，小角度斜上方拍摄	能够显示 T 型线夹螺栓，清晰显示线夹热像
C1	C 相避雷器	3	避雷器 T 型线夹	平视或俯视 T 型线夹，小角度斜上方拍摄	能够显示 T 型线夹螺栓，清晰显示线夹热像
A2	A 相避雷器	4	避雷器顶端连接板	与顶端成 30° 左右的角度俯视，小角度斜上方拍摄	能够显示顶端连接板螺丝螺帽、连接板，清晰显示连接板热像分布
B2	B 相避雷器	5	避雷器顶端连接板	与顶端成 30° 左右的角度俯视，小角度斜上方拍摄	能够显示顶端连接板螺丝螺帽、连接板，清晰显示连接板热像分布

续表

无人机悬停区域	拍摄部位	拍摄部位编号	拍摄内容	拍摄角度	拍摄质量要求
C2	C 相避雷器	6	避雷器顶端连接板	与顶端成 30° 左右的角度俯视，小角度斜上方拍摄	能够显示顶端连接板螺丝螺帽、连接板，清晰显示连接板热像分布
悬停点位数：6　　拍摄点位数：6					

三、避雷器巡检路径

以一台三相避雷器为例，无人机红外检测采用同高度作业方法，应依次拍摄避雷器T型线夹、避雷器顶端连接板，巡检路径如图3–17所示，即按照A1—B1—C1—A2—B2—C2的巡检路径开展红外巡检。

图3–17　避雷器无人机红外巡检航线规划

四、避雷器红外照片样本

红外照片要能够显示T型线夹螺栓，清晰显示线夹热像，显示顶端连接板螺栓螺帽、连接板，清晰显示连接板热像分布。图3–18至3–20为照片样本。

图3-18　避雷器整体红外图例

图3-19　避雷器单相红外图例

图3-20　避雷器顶端连接板红外图例

五、避雷器红外巡检注意事项 

①无人机巡检时注意与带电设备保持足够的安全距离。

②拍摄时应设置合理的红外参数，同时保证对焦准确、曝光合理、红外图像不模糊；拍摄目标要在图片中间位置。

③户外无人机红外巡检期间以阴天或晴天日落后时段为佳、避免阳光直射，禁止夜间无人机红外巡检。

④避雷器红外巡检应重点关注连接线电流致热型缺陷和本体电压致热型缺陷，对于避雷器顶端连接板、避雷器本体等开展重点巡检。

第四章

变电站无人机自主巡检作业方法

随着航空工业和科学技术的迅速发展，采用无人机在电力行业开展自主巡检，近年来成为研究的热点问题。无人机自主巡检是指无人机执行已有巡检航线对设备进行自动巡检，关于巡检航线，可提前通过激光点云三维建模或人工示教等方式，对巡检路径、航线速度、巡视点位、拍摄角度进行标准规划，无人机可搭载可见光或红外云台等挂载，自动对电力设施进行高效的巡视（图4-1为无人机机巢巡检图）。

与传统人工无人机巡检相比，作业人员无须操作无人机进行拍照，只需要执行巡检航线，在数十秒的准备后，无人机就可起飞，并在短时间内对变电设备做一次全方位的检查和拍照，大大降低人工无人机巡检的劳动强度。随着科学技术的发展，越来越多的行业正在改变传统的人工巡检方式，尝试更加智能化的检测方法。使用无人机自主巡检代替传统的人工飞巡，不仅可以保证巡检作业的标准化，还可以提高工作效率，无人机全自主巡检将为变电站巡检模式带来变革。

图4-1　无人机机巢巡检图

第一节　自主巡检作业前准备

一、准备工作安排

作业人员应根据工作安排合理开展作业前准备工作，准备工作如表4-1所示。

表4-1　准备工作明细表

序号	内容	要求
1	提前开展现场勘查，查阅相关资料，编制作业指导书	掌握变电站设备分布情况，巡检设备的电压等级、设备名称、停电范围、保留带电的部位； 对复杂变电设备或危险性、复杂性和困难程度较大的无人机巡检作业，应编制组织措施、技术措施、安全措施； 应查明变电站巡检区域是否有影响巡检的避雷针、高大建筑物等，并确定规避策略； 应确认周围有无可能影响无人机信号的电磁干扰等； 填写现场勘查记录表
2	填写工作票或工作任务单，履行审批、签发手续	有计划的II类、III类无人机巡检应填用工作票或工作任务单； 紧急开展的无人机巡检应填用工作任务单
3	提前申请空域	按照国家相关规定，提前向当地航管部门报送飞行计划； 在无人机起飞前和降落后向空管部门报告
4	提前准备好作业所需工器具及仪器仪表	提前准备巡检任务所需的电池和充电设备； 提前准备巡检任务所需的航线； 检查无人机各硬件部位是否牢固，有无破损； 确保无人机系统和云台处于适航状态

二、作业组织

明确人员类别、人员职责和作业人数，作业人员经“电力安全工作规程”考试合格，身体健康，精神状态良好，操作熟练并具备无人机驾驶培训合格证。作业组织如表4-2所示。

表 4-2 作业人员明细表

序号	人员类别	职责	作业人数
1	工作负责人（监护人）	负责组织、监护，并在作业过程中时刻观察无人机及操作手的状态	1 人
2	无人机操作手	负责遥控无人机开展自主巡检	1 人

三、工器具与仪器仪表

工器具与仪器仪表应包括无人机、任务设备、仪器仪表等，具体如表4–3所示。

表 4-3 工器具与仪器仪表明细

序号	名称	单位	数量	备注
1	无人机	架	1	根据工作任务选择合适的机型
2	任务设备（可见光、红外成像、超声波等）	个	1	根据工作任务选择相应的云台
3	电池	块	≥ 2	根据工作量合理确定所需电池数量，并留有适当裕度
4	防爆箱	个	1	
5	风速仪	个	1	
6	望远镜	个	1	

四、起飞前检查

①进入作业现场应正确佩戴安全帽，正确穿戴工作服及劳动防护用品。

②作业宜在良好天气下进行。雾、雪、大雨、大风、冰雹、雾霾等恶劣天气不利于巡检作业时，不应开展无人机巡检作业。

③作业现场风速符合无人机作业能力范围，一般不大于 5 级风（风速≤ 10.7m/s）。作业现场能见度大于 200m，温度在–20℃ ~ 40℃范围内。

④工作地点、起降点及起降航线上应避免无关人员干扰，必要时可设置安全警示区。禁止无关人员参观及逗留，禁止无关人员操作无人机巡检系统。

⑤作业前确认起降点和起降航线上方无遮挡，现场所有人员应与无人机和起降航线保持足够的安全距离，不应站在无人机巡检航线正下方。

⑥作业前应检查无人机各部位（机身、机臂、电机、桨叶、云台、脚架、数据卡等）是否牢固，不得存在影响无人机飞行的损伤，并记录。

⑦作业前应检查航线文件是否与无人机机型匹配，航线速度、航点动作是否满足巡检需求。

⑧作业前应检查所携带的无人机和遥控器电池外观和电量是否满足巡检需求。

⑨无人机电池如发生外壳破损，变形、鼓胀等情况，应停止电池使用，进行报废处理。

⑩如发现镜头出现脏污，禁止用手触摸，须使用专用的镜头清洁剂清理，使用专用的镜头纸擦拭。

⑪作业前应检查无人机GPS卫星、惯导、指南针、数传、图传、RTK等功能是否正常。

⑫作业前应检查无人机的飞行模式（GPS、手动等）和遥控器的操作模式（日本手、美国手、中国手等）。

⑬起飞前应规划应急航线，包括返航高度、安全策略、应急迫降点等。

第二节　自主巡检作业

一、自主巡检航线

1. 变电设备巡检航线（如表4-4所示）

表4-4　变电设备巡检航线

无人机悬停区域	拍摄内容	拍摄角度	拍摄质量要求
龙门架下方	套管下方刻度表	平视或者俯视	能清晰显示读数情况
避雷针附近	避雷针	俯视	能够看清避雷针连接处
龙门架附近	龙门架与绝缘子连接处、绝缘子与引线连接处、套管、配电箱	平视或者俯视	能够清晰显示连接处的连接情况
龙门架附近	主设备区	俯视	能够清晰显示连接处的连接情况
主变附近	主变套管	俯视	能够清晰显示连接处的连接情况

2. 变电站红外专用航线（如表4-5所示）

表4-5　变电站红外专用航线

无人机悬停区域	拍摄内容	拍摄角度	拍摄质量要求
主设备区	套管导线连接处	平视或者俯视	精准测温
主变区	套管导线连接处	平视或者俯视	精准测温

3. 变电通道航线（如表4-6所示）

表4-6　变电站通道航线

无人机悬停区域	拍摄内容	拍摄角度	拍摄质量要求
变电站上方	变电站及其周边情况	俯视	能够清晰显示变电站整体情况

二、巡视航点

以一相主变间隔为例，无人机应拍摄每相变压器采取从高压侧经主变构建绕飞至低压侧的路径，详细点位如表4–7所示。

表4–7　变压器无人机可见光巡视拍摄规则

无人机悬停区域	拍摄部位	拍摄部位编号	拍摄内容	拍摄角度	拍摄质量要求
A	A相主变	1	变压器高压侧套管及油位表计、引线接头等设备	平视或俯视设备	能够清晰显示接头螺栓、均压环连接情况，清晰显示断路器表计读数
B	A相主变	2	变压器500kV侧构架绝缘子、金具和线夹	与设备成30°左右的角度俯视	能够清晰显示变压器构架绝缘子、金具和线夹连接板螺栓及螺帽
C	A相主变	3	变压器220kV侧构架绝缘子、金具和线夹	与设备成30°左右的角度俯视	能够清晰显示变压器构架绝缘子、金具和线夹连接板螺栓及螺帽
D	A相主变	4	变压器顶部	与变压器成60°~90°的角度俯视	能够清晰显示变压器顶部管线情况
E	A相主变	5	变压器中低压侧套管及油位表计、引线接头等设备	平视或俯视设备	能够清晰显示接头螺栓、均压环连接情况，清晰显示断路器表计读数
悬停点位数：5　　拍摄点位数：5					

三、巡视路径

变电站无人机自主巡检航线，按照最优安全作业的原则，采取从高压侧经主变构建绕飞至低压侧的路径，与变电设备保持足够的安全距离，巡检路径尽量设置在人工巡检通道上方，避免在变电设备上方长期停留，保障设备安全，巡视路径如图4–2所示。

四、巡检计划编制

变电站无人机自主巡检作业前准备工作完成后，根据变电站巡视设备数量、巡视

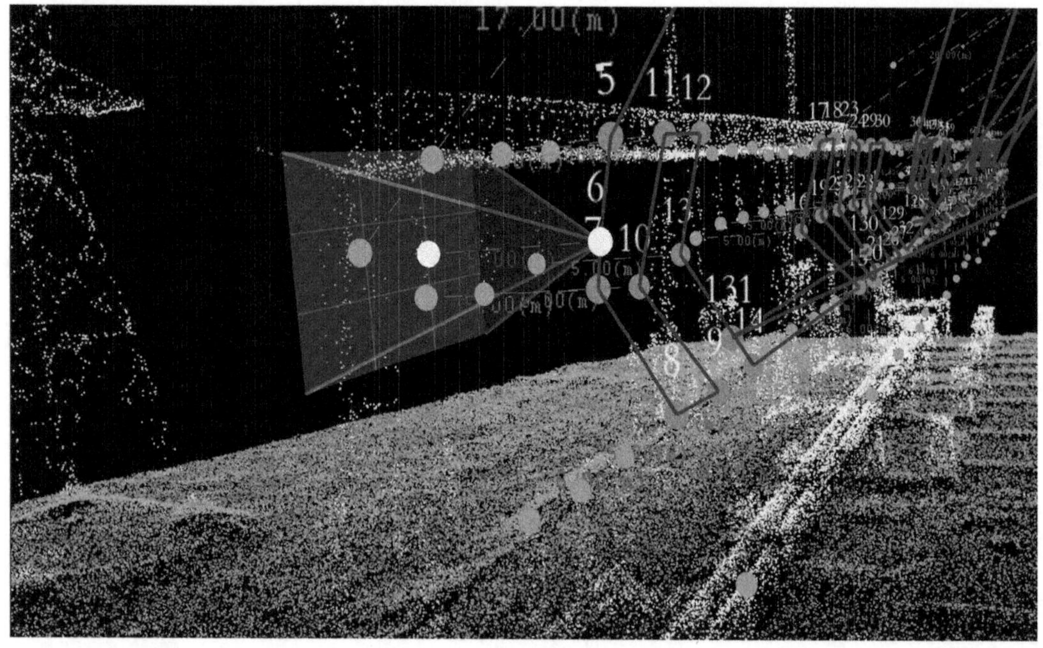

（a）

（b）

图4-2　无人机自主巡检路径

内容，提前制订无人机巡检计划，填写包括巡检变电站、巡检班组、任务类型、任务航线、任务时间等信息，并提交审核（如图4-3所示）。

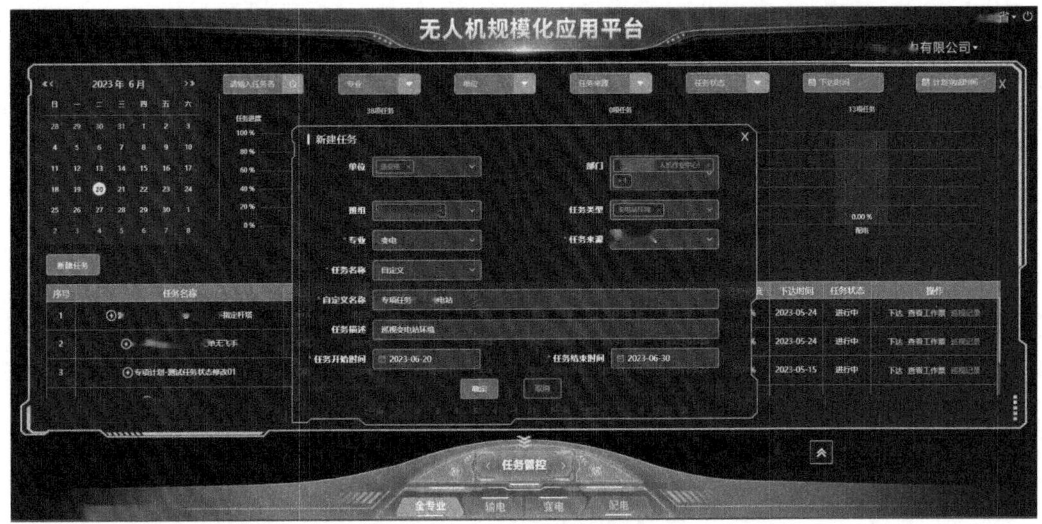

图4–3　无人机巡检计划编制

五、巡检计划审批

变电站无人机运检负责人收到无人机巡检计划后，确认巡检计划的安全性、必要性，确认所派工作负责人和工作班人员是否适当和充足，如有疑问，应向工作负责人询问清楚。确认无误后审批巡检计划（如图4–4所示）。

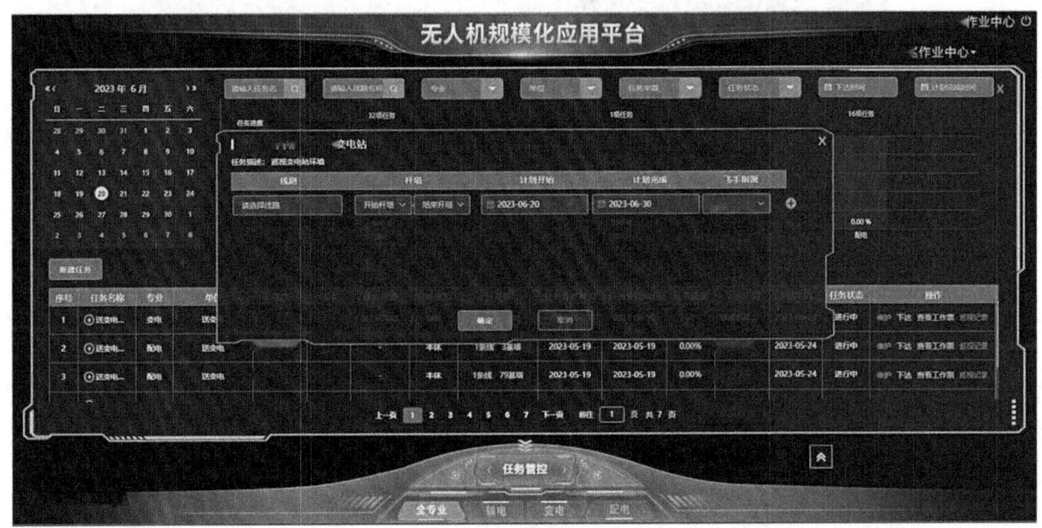

图4–4　无人机巡检计划审批

六、巡检任务下发

审批完成后工作负责人可将任务下达至相应班组或无人机驾驶员，系统应支持同时下发多个巡检任务（如图4–5所示）。

序号	任务名称	专业	单位	线路	飞手	任务来源	任务类型	任务量	任务开始时间	任务关闭时间	任务进度	下派班组	下达时间	任务状态	操作
1	电...	变电				省公司专项	其他	1条线 0基塔	2023-06-20	2023-06-30	0.00%	机巡...	2023-06-20	进行中	维护 下达 查看工作票 巡视记录
2	电...	配电				-	本体	1条线 3基塔	2023-05-19	2023-05-19	0.00%	机巡...	2023-05-24	进行中	维护 下达 查看工作票 巡视记录
3	电...	配电				-	本体	1条线 79基塔	2023-05-19	2023-05-19	0.00%	机巡...	2023-05-24	进行中	维护 下达 查看工作票 巡视记录

上一页 1 2 3 4 5 6 7 下一页 前往 1 页 共7页

图4–5 无人机巡检任务下发

七、巡检任务执行

任务下发后，驾驶员可通过移动巡检APP执行自主巡检任务。

图4–6 无人机巡检第一视角

八、巡检图像回传

自主巡检完成后，系统用户可以在平台上实时查看无人机巡检回传数据。平台可实现不同节点数据的调用、展示、切换等功能，实时展现现场情况。

图4-7　无人机巡检变电站回传图像

九、巡检图像识别

无人机图像回传至无人机巡检系统后，系统通过集成多种人工智能算法模型，智能分析无人机巡检采集的主变、套管、刀闸、高抗、绝缘子等设备的高清图片，识别巡检图像中的缺陷，给出状态、缺陷和故障类型判断，并提供缺陷告警与一键导出报告的功能。

近年来，深度学习凭借卷积神经网络（CNN）在提取图像特征时无须手工设计特征的优势，渐渐获得青睐，很多研究人员提出了一系列基于深度学习的目标检测算法，采用图像金字塔结构，对不同层次特征进行融合，获取不同尺度的特征图，用于位置和类别预测。同时通过AI分辨单个像素是不是目标的一部分，从而提高了目标识别的精度（变电识别模型种类及数量如表4-8所示）。目前鸟巢、异物等明显的缺陷识别准确率已达到85%左右，但表计识别等识别算法有待进一步提升，今后通过不断完善变电专业图像样本库和缺陷库数据，智能识别准确率和可靠性会逐步提升。

表4-8　变电识别模型种类及数量

序号	缺陷种类	识别模型
1	环境安全	悬浮物
2		鸟巢
3		烟火
4		彩钢瓦

续表

序号	缺陷种类	识别模型
5	缺陷识别	金属锈蚀（绝缘子串金属部件）
6		玻璃绝缘子自爆
7		断路器绝缘子破损
8		绝缘子破损 / 开裂
9		呼吸器缺陷（破损）
10		渗漏油
11		地面油污
12		箱体变形 / 破损
13		放电痕迹
14		均压环（锈蚀 / 变形 / 松动 / 倾斜）
15		表计破损、模糊
16	状态识别	变压器油位（表计）
17		气压计（表计）
18		泄漏电流表（表计）
19		刀闸状态（闭合 / 开断）
20		CT、PT 油位识别
21		屏柜指示灯、空开状态识别
22		箱门闭合异常识别

十、缺陷复核（任务终结）

图像智能识别完成后，作业人员可通过系统对智能识别后的图像进行复核，将缺陷推送至PMS，纳入缺陷处置流程（如图4-8所示），巡检任务终结。

图4-8　缺陷复核、标注

第三节　基于机巢的全自主巡检作业

随着电网的快速发展，变电站正朝着大规模、复杂化的方向转变，变电设备种类众多、工况环境复杂，巡检工作任务越来越重，巡检的时效性及精度要求不断提高，传统的人工巡检方式无法满足变电站精益化运维的需求，变电站智能巡检机器人、变电站高清视频巡检系统等辅助设备，在一定程度上降低了人工巡视强度，提高了巡视质量。

变电站智能运检机器人巡检以变电站自动巡检机器人为平台，搭载可见光、红外摄像头等设备，主要完成站内设备图像、温度数据、仪表读数的巡检，实现对站内设备的状态感知和智能判别（如图4-9所示）。近年来机器人变电站巡检工作取得了良好效果，但由于设备结构特点，存在对变电站高层设备巡视未完全覆盖的问题。

图4-9　变电站机器人巡检

变电站高清视频巡检系统以在变电站布置高清固定摄像头为手段，主要完成站内设备整体、图像、温度数据、仪表读数的巡检，实现对站内设备的状态感知和智能判别（如图4-10所示）。但该系统存在对变电站高层设备巡视未完全覆盖、部署位置复杂、无法全面覆盖等问题。

图4-10 变电站监控巡检

近年来，无人机机巢的出现，为变电站无人化立体巡检提供了技术支持，通过在变电站合理部署无人机机巢，依托高性能一体化服务系统进行无人机巡检任务管理、无人机巡检状态监控、无人机巡检成果存储分析和展示、电力资源的可视化管理等，极大地弥补了人工无人机巡检的不足，进一步提高电力系统运维的智能化和信息化水平（图4-11为无人机机巢网格化分布图）。

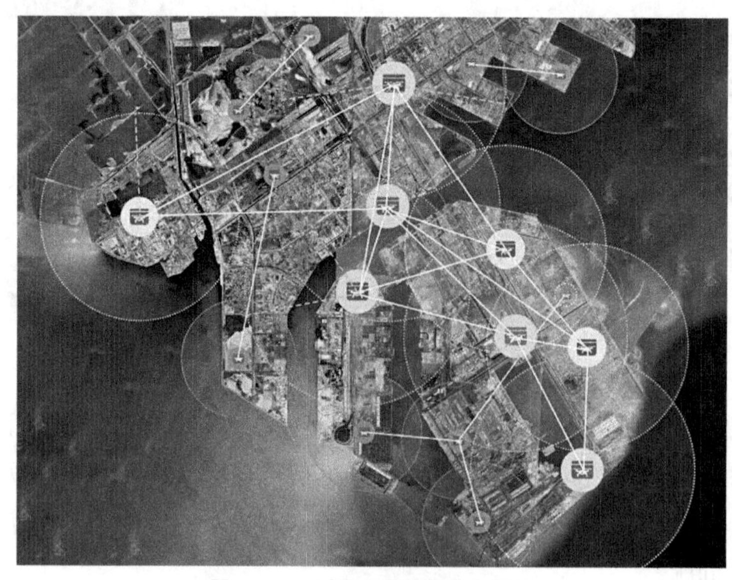

图4-11 无人机机巢网格化分布图

无人机机巢巡检是以无人机机巢为中心，采用以点概面巡检作业模式和航迹飞行模式，可覆盖变电站、输电线路杆塔、配电线路等重要基础设施。其具有无人机多机协同、一键自主巡检、自主拍摄、精准起降、自动充换电、巡检现场远程实时监控等功能，结合图像识别分析系统实现巡检数据自动识别、巡检报告自动生成等高度智能化作业模式。系统通过丰富的吊舱单元，可获得电力设施的高清可见光图像、红外热成像图和三维激光点云数据，能够及时发现电力设施存在的隐患、电气设备缺陷、通道树障等问题。无人机机巢巡检为电力系统提供高频次、高质量、多元化巡检作业模式，其无人值守、全天时全天候的特点是电力系统进行高效、安全巡检作业的重要保障。

一、无人机机巢分类和适用场景

无人机机巢一般采用单无人机自动充电的方式，成本较低，适合规模化应用，无人机机巢按照部署方式不同可分为固定机巢和移动机巢：固定机巢是指机巢固定在某一位置，巡检附近设备；移动机巢是指机巢部署在移动车辆上，每次巡检位置不同，巡检范围较大。

（一）固定无人机机巢

1.充电式和换电式

固定无人机机巢按照电源补给方式不同分为充电式和换电式两种，充电式和换电式均支持自主巡检、远程手控两种模式。

充电式机巢指无人机配备一组无人机电池，巡检完成后，需要间隔一个充电周期（25～40分钟），无法连续作业，但机巢结构简单，价格低。

换电式机巢配备两组以上无人机电池，无人机巡检完成后，通过机械臂等方式更换无人机电池，实现不间断7×24小时连续作业，但机械臂等设备成本较高，可在有连续巡检需求的场景部署。图4–12为固定机巢部署图。

图4–12　固定机巢部署图

2. 单机版和多机版

固定无人机机巢按照无人机数量配置可分为单机版和多机版。

单机版机巢配备一架无人机，可实现智能化巡查、巡检、应急处置等多种用途。其具备安全、稳定等特点和全局智能掌控能力，以及成本低、结构简单、部署便捷等优势。

多机版机巢配备双无人机或多架无人机，一般配备两种不同功能的无人机。中型无人机可搭载激光点云、声纹雷达等云台，开展全站巡视，满足周界巡查、应急协同等作业需求；小型无人机可搭载双光云台，开展可见光、红外巡检。多机版机巢的无人机可以同时进行飞行作业，按分工高效完成各类作业，提高了飞行效率。在常态化的巡检或应急作业中，多机可协同进行作业（作战）智能分配无人机的任务，多机之间自行协商回站换电，具有进站排队和复飞机制，确保高效安全作业，特殊应急及检修情况下，始终有一架无人机在指定位置进行不间断作业。

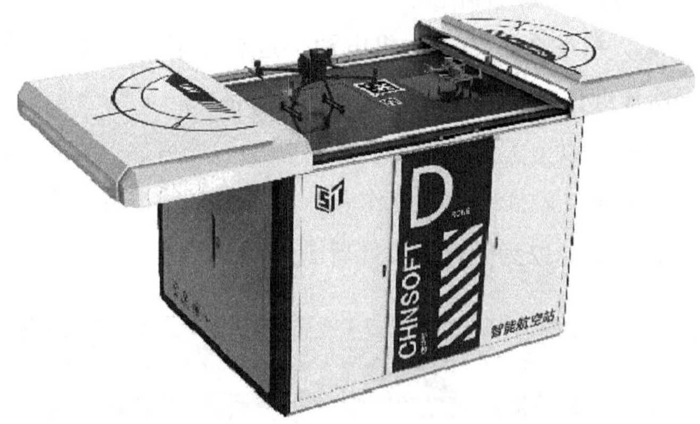

图4-13　单机版和多机版机巢示意图

3. 室内部署和室外部署

固定无人机机巢按照通信方式不同分为室内部署和室外部署。

室外部署的无人机机巢，采用RTK通信技术，通过RTK精准定位技术、GPS导航、光纤、网线或2.4/5.8GHz、1.4GHz、定制频率、4G/5G的无线通信方式，双链路通信、飞行安全策略、通信中断自动返航、设置安全航线等技术手段保障飞行安全，通过私有化部署，专网链路通信、AES加密通信技术保障信息安全，搭配自主研发的机载任务系统，可实现精准降落和多项AI飞行功能。

室内部署的无人机机巢无法使用无线通信、卫星定位、RTK定位等常规通信手段，所以为了保障无人机在变电站等室内的精准飞行能力，系统数据通信模块可采用光纤技术，保障后方指挥中心与无人机机巢低延迟传输、高安全保障；定位通信模块可应用UWB室内定位技术，支持在室内封闭空间自建坐标网，不依赖卫星，减少干扰，开展自主巡检；有效规避室内障碍物阻挡、无线电信号干扰、电磁干扰等特殊场景，其主要通过搭建UWB定位模块来实现。

（a）

（b）

（c）

图4–14 室内精细化巡检（搭载UWB模块）

4. 固定机巢部署要求

变电站室外无人机机巢应根据变电站环境、安全要求、通信方式等进行严格设计，满足无人机机巢供电、通信、安全要求（如表4–9所示）。

表4–9 机巢部署要求表

勘查项目		部署要求
1	海拔高度	部署地海拔不高于4000m［机场最高工作海拔4000m，可使用手机（如GPS海拔表APP）或无人机设备进行海拔测量］
2	气候环境	①部署地历年气温在 –35~50℃范围内（机场工作温度范围为 –35℃ ~50℃，机场内飞机飞行工作温度范围为 –20℃ ~50℃；温度超过范围会导致设备无法工作）。 ②为保证机场正常作业，尽量选择风沙小的位置安装机场，飞机起降时阵风不大于6级（12m/s）且气流平稳
3	地面情况	①建议安装在硬质地面上，避免安装在易发生积水、地面沉降等场地，保证周围排水设施良好。 ②若安装在楼顶，避免放置在楼体边缘（避免产生严重的坠机后果），楼面承重≥ 150kg/m^2，不得为危楼
4	信号遮挡	推荐安装在空旷地面或楼顶等无明显信号遮挡的场地。为保障机场RTK基站的信号质量和设备运行稳定性，须保证地面高度角20°范围内无明显信号遮挡物。可通过如下公式计算机场距离遮挡的最小距离：d ≥ h/0.36。（其中d为机场距离遮挡物的最小距离，h为遮挡物高度；障碍物高度可通过飞行的无人机进行测量）
5	备降点	①当由于外部恶劣天气影响或出现设备故障导致飞行器无法降落至机场，此时飞行器会悬停至低电量后降落至备降点。 ②建议备降点设置在机场附近的空地上，备降点位置与机场直线距离不得小于5m，不得大于500m，距离设置过远会导致飞行器可作业时长变短，推荐设置在与机场同一高度、水平距离50m以内的地点。 ③备降点的选择须考虑飞机降落过程中的净空空域，并注意避免造成人身伤害；设置在楼顶时避免放置在边缘，避免坠落

续表

勘查项目		部署要求
6	地面供电	①供电稳定无频繁停电情况。 ②用户配电柜内须安装独立的2P 16A漏电保护器，为机场供电，同时须带40kA浪涌保护装置。 ③用户配电箱距离机场100m内使用2.5mm^{2}三芯户外护套线缆，100~200m使用4mm^{2}三芯户外护套线缆，超出200m推荐使用6mm^{2}三芯户外护套线缆。 ④设备用电参数：单相交流电 电压：90V ≤ Vac ≤ 264V 功率：大于1.5kW
7	地面网络	采用4G路由器
8	其他环境要求	①未经许可不得安装在加油站、油库、危化品仓库等危险源附近。 ②不得安装在易堆积杂物、杨柳絮等的易燃物场地。 ③不建议安装在化工厂、化粪池下风处，防止污染腐蚀，建议距离最近海岸线直线距离大于500m。 ④安装场地无明显鼠害、白蚁等生物破坏因素。 ⑤远离强烈振动源、强噪声区域（强振动和强噪声会对机场的气象监测传感器造成干扰，同时容易导致整机运行寿命下降）。 ⑥尽量避免安装在已有地下设施的上方。 ⑦不建议在频闪灯、不受控人造光源照射位置（如地面有大量反光物品）布置机场，频闪灯和不受控光源会对飞行器视觉传感器造成干扰，影响其降落和飞行稳定性
9	工作空间	①地面预留面积建议大于2m × 3m，为安装维护的人员及设备正常运行留出空间。 ②机场开盖方向两侧至少预留1m作为开盖及空调散热空间。 ③机场前后两侧至少预留0.5m宽度作为维护空间

部署方案示例如图4-15所示。

图4-15　220kV弘毅站部署方案图

（1）部署方案一：变电站内场区空地

①修建水泥底座，高度为0.5m。底座周边加装边长约2.5m（总长10m）、高1m的塑钢栅栏。

②强电供电从电源引出到机场设备部署位置，采用PVC+地埋形式，如无法实现埋地（如楼顶），须使用镀锌钢管紧固在地面并良好接地，线管内不得有接头。强电控制盒部署位置需要确定，给机场、网络等设备供电。

③网络部分：选用4G路由器。

④电源线与网线分开不同线管敷设，距离≥30mm。（如果同管敷设，电线须采用三芯户外护套线缆；网线须采用双屏蔽超5类以上双绞线；如采用光纤，采用带室外防护类光纤。）

此方案优点是较易施工，但需要破坏地面走线，无人机场运行时可能卫星信号中断，安装位置可能影响正常工作环境，需要考虑地面电磁干扰情况。

（2）部署方案二：变电站内建筑楼顶位置

①如果楼顶支持开孔固定，则用钢架底座方案，钢架重量100kg左右，机场重量105kg，总重205kg，需要满足承重，对开孔位置做防水处理。如不支持开孔，则修建水泥底座，高度为0.5m；底座周边加装侧边约2.5m（总长10m），目前机场加水泥底座重量在450kg左右，机场重量105kg，总重555kg，需要满足承重。

②强电供电从电源引出到机场设备部署位置，采用PVC形式，强电控制盒部署位置需要确认，给机场、网络等设备供电。

③网络部分：选用4G路由器。

④电源线与网线分开不同线管敷设，距离≥30mm。（如果同管敷设，电线须采用三芯户外护套线缆；网线须采用双屏蔽超5类以上双绞线；如采用光纤，采用带室外防护类光纤。）

此方案优点是楼顶开阔，可满足无人机场正常运行时连接卫星信号，安装位置不影响正常工作环境，无须考虑地面电磁干扰情况；劣势在于需要确定楼顶承重系数是否支持。

5.自主巡检和远程手控

无人机机巢按照控制方式不同，分为自主巡检和远程手控巡检。

自主巡检是指规划好的无人机巡检航线，通过系统下载任务至无人机机巢，无人机按照规定的航线开展自主巡检。

远程手控巡检是指通过光纤、5G等方式，将图像回传延时降低至50ms以下，通过遥控器远程实时控制无人机开展巡检，实现无人机自主巡检过程中需要手动进一步巡检或遇到紧急情况时手动接管，保障无人机和设备的安全（如图4-16所示）。

图4-16 远程手动巡检

（二）移动无人机机巢

移动无人机机巢一般为车载移动作业，具有单元独立作业、机动灵活部署的能力，弥补了固定式机巢机动能力弱的缺点。

图4-17 应急移动指挥系统实景示意图

无人机应急移动指挥系统采用模块化设计，包含应急指挥、手动实时操控飞行、航线自动飞行，移动充电、卫星通信、5G通信、视频传输、视频监控、视频存储、作业照明、气象监控等主要功能模块，以及电源系统、会议系统等辅助功能模块。

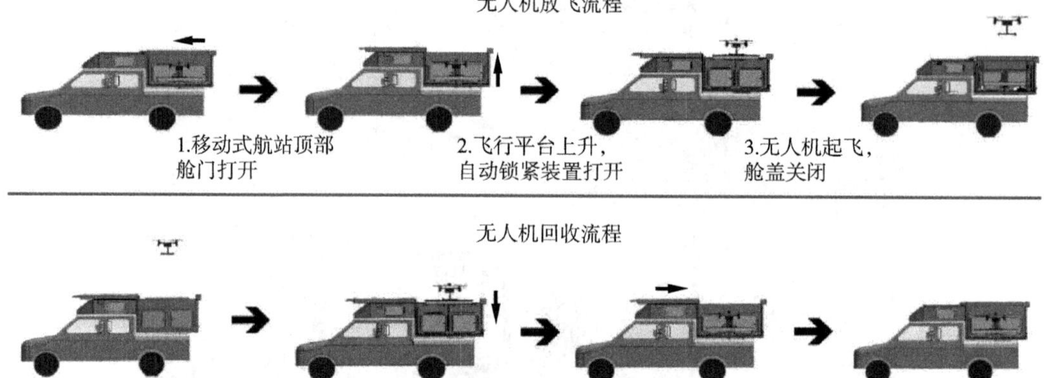

图4-18 移动机巢放飞和回收流程

二、无人机机巢巡检系统

无人机机巢巡检应在互联网大区环境下搭建无人机机巢巡检系统，系统按功能可划分为执行单元、保障单元、控制单元、管理单元4个分系统单元，整体系统逻辑架构如图4-19所示。

执行单元采用性能优秀的行业级集控无人机，多种负载（如可见光/红外一体式镜头、喊话器等），快速、灵活、自主地执行巡察任务，实现视频、照片采集和喊话等能力。

保障单元采用无人机机巢分系统，包括无人机停机坪、无人机智能换电机械手、自动开关机模块、自动收桨机构、综合供电模块、通信模块、闭环控制系统单元、自动化环控系统、智能消防系统，为无人机提供多链路实时通信，采用光纤、5G等通信技术，保障无人机画面实时传输到控制端；自主更换无人机电池，智能环控，持续保障无人能源供给；实现无人机的远端无人化部署。

管理单元包括无人机管理模块、地图管理与航线规划模块、用户管理模块以及日志记录与分析模块。对无人机、无人机机巢、集控飞行控制和整个系统进行全面管理，实现飞行数据运算、多机协同、集群化飞行作业、采集画面信息处理、航线和航点管理、操作人员分权分级、飞行信息记录、历史数据查看等功能，以实现系统的无人化运行、集群化作业、智能化管理。

（一）拓扑架构

无人机集控飞行监控系统拓扑架构如图4-20所示。

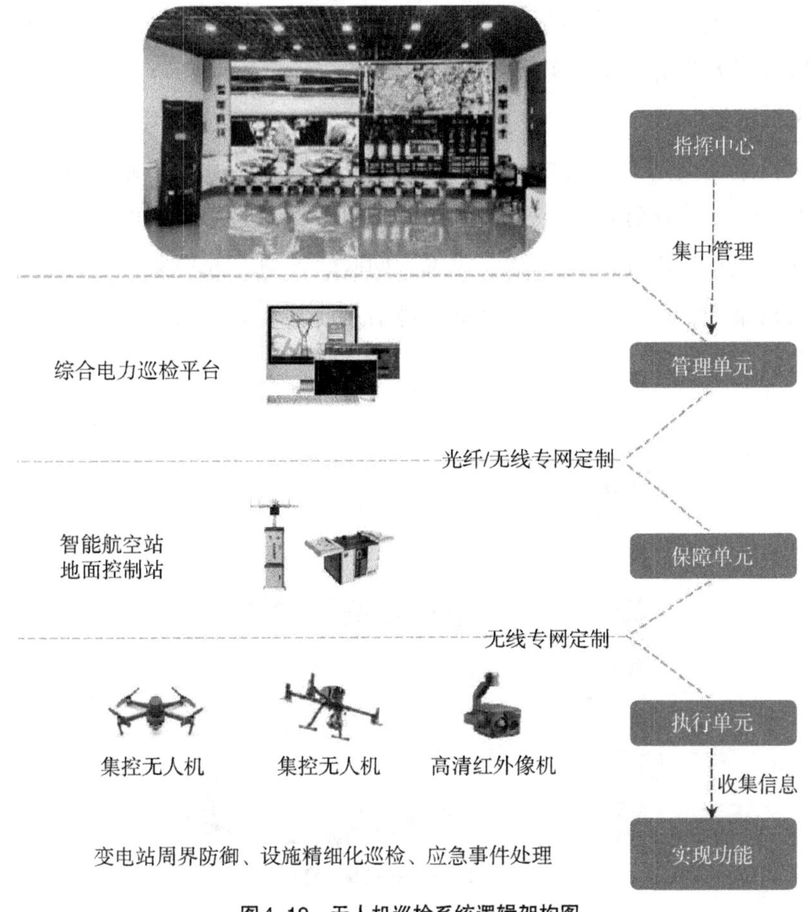

图4-19　无人机巡检系统逻辑架构图

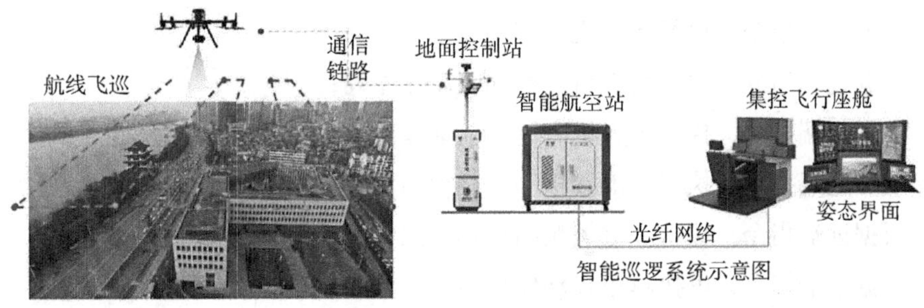

图4-20　系统拓扑架构图

综合电力巡检平台部署在指挥控制中心，与无人机机巢通过光纤传输数据，无人机机巢与无人机通过无线传输数据；无人机终端数据实时回传，存储至指挥控制中心。

（二）系统设备介绍

无人机集控飞行自主巡检系统以巡检平台集中管控，自动化操控前端集控无人机起飞执行飞行任务，无人机机巢提供保障平台，保障无人机存放、充换电、通信链路、智能环控、全天时备战。多台无人机机巢室外部署，以点到面覆盖，组网协同应用，使覆盖区域得到无死角管控，实现多机协同飞行的组网应用模式。

1.无人机机巢

无人机机巢终端是无人机的停靠站、通信站、补给站和换电站，为无人机提供一站式保障服务，依靠该终端，在野外无人的状态下，无人机全天时全天候的应用得以实现。无人机机巢保障无人机存储、放飞、回收、换电、充电等。地面控制站为无人值守无人机机巢的辅助设备，主要负责环境信息收集、无人机无线控制、无线数据传输、室外照明及室外监控等。

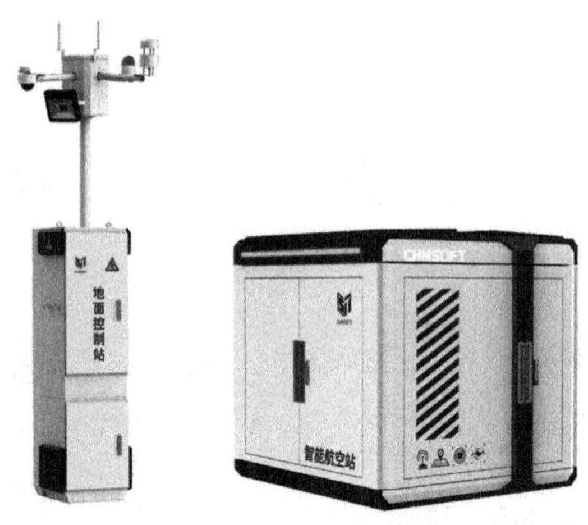

图4-21 无人机机巢示意图

无人值守无人机机巢主要功能特性如下：

- 根据远端指令，执行无人机一键放飞动作序列；
- 根据远端指令，执行无人机一键回收动作序列；
- 根据远端指令，执行无人机一键换电动作序列；
- 根据远端指令，执行一键接机动作序列；
- 根据远端指令，执行一键关舱门动作序列；
- 根据远端指令，可执行单步动作功能，供专业人员使用；
- 自动化智能换电功能，自动将无人机电池插入空电池仓位充电，自动选取最高电量电池更换到无人机上，保障无人机飞行电力；
- 自动化智能换电，智能选择低电量电池进行充电，充电完成后，自动关闭充电；
- 智能自动化环控，智能控温系统根据环境自动调节温湿度，保障无人机有随时放飞作业能力；
- 有7×24小时随时放飞能力；
- 有节能功能，当航站无人使用时，自主进入节能模式；

- 有实时监控功能，配备多个多角度可调摄像头，回传视频；
- 无人机视频存储、监控视频存储；
- 自检测、自诊断功能；
- 舱门打开警示功能；
- 消防功能，发生火灾时自主触发；
- 备用电池UPS功能，保障无人机顺利回收；
- 气象监测功能，监测风速、风向、温度、湿度，雨雪、气压等；
- 站内照明功能；
- 紧急停止功能；
- 多指令同时执行功能，互不影响的指令可以同时执行；
- 数据自动上报功能；
- 自动日志记录功能；
- 电气系统有过流保护、过压保护、漏电保护等安全功能；
- 电气系统有远程重启整体系统功能；
- 舱门上盖融冰除雪功能。

2. 集控飞行座舱

集控飞行座舱作为集控飞行的控制终端，是无人机空网一体化平台系统的指挥和控制终端。部署在指挥调度中心，对整个系统内的各类资源拥有执行调配和管理权限，包括常态化区域内状态管控、临时执勤等任务的确定和下发、远程实时操控任务无人机以及无人机实时信息的反馈及管理（如图4–22所示）。

图4–22　集控飞行座舱

集控飞行座舱主要包括飞行操作单元、视频显示单元、视频处理单元、仿真驾驶单元及电源管理单元等模块，实现对无人机的超视距实时控制，提供自动、手动多种控制模式，对无人机飞行参数进行实时显示监控，全面掌握飞行姿态、飞行路径、飞行航迹坐标、总体飞行参数、飞行画面等信息。

（1）综合管理

飞巡任务管理、人员权限管理、资源管理、操控管理等综合管控。

（2）集控飞行

实现集控无人机智能飞行，可航线规划，飞行数据加密、监控。

（3）显示功能

显示飞行状态、任务参数、系统环境参数、地图和飞行航迹等。

（4）通信保障

光纤通信，低延时，高保障。

（5）一键式作业

设置航线任务，一键式开启作业，快捷高效。

（6）人机交互

复合人体工程学，适合长时间执行任务；界面显示丰富。

3. 无人机机巢巡检系统

无人机机巢巡检系统采用模块化设计，通过高内聚、低耦合的软件编程理念，可开展航线飞行、指点飞行、手动飞行，无人机基于GIS地图信息，根据预制的航线规划路径、航点动作内容，执行常态化、无人化的自主巡查，适用于日常巡查、目标规划巡查等作业场景；支持断点续费、一键巡查、规划任务巡查等（航线飞行操作界面如图4-23所示）。

（a）

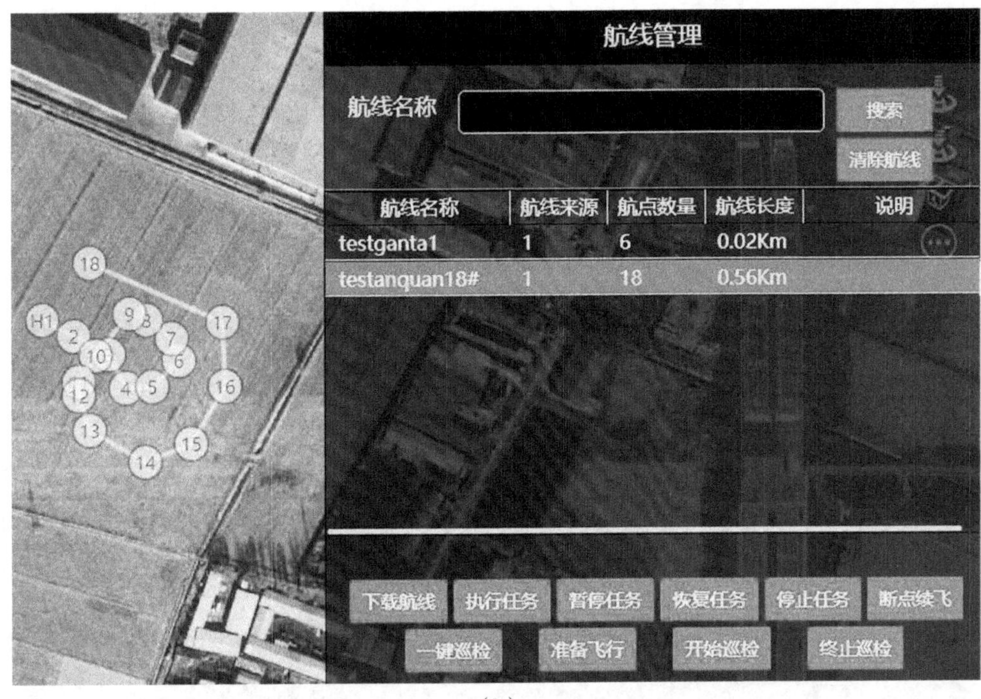

（b）

图4-23　航线飞行操作界面

指点飞行是指，在基于GIS信息的地图上选择需要巡查的目标点，无人机自动绘制飞行路径，确定安全高度、飞行速度等信息，前往目标位置，也可手动录入航点经纬度，或者对接其他经纬信息系统如110报警系统等，自动同步GPS信息，无人机自动进行目标飞行巡查（指点飞行操作界面如图4-24所示）。

（a）

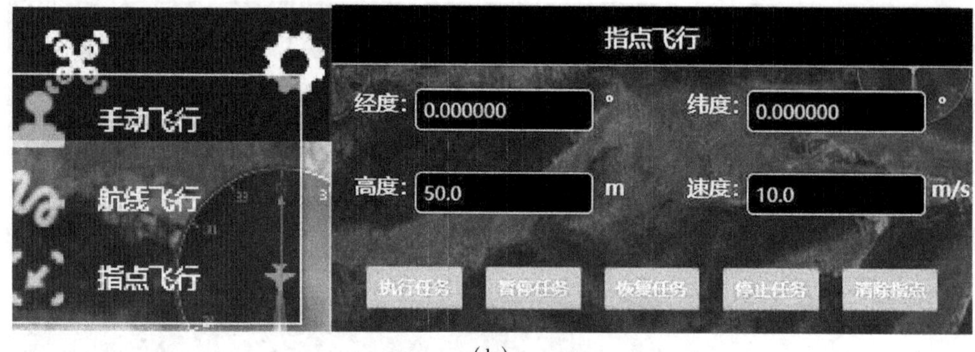

（b）

图4-24 指点飞行操作界面

无人机机巢巡检系统有助于对多个无人机机巢进行全面的控制管理，包括航站的环控，对电池仓、充换电、运动机构、通信设施、辅助设备等系统进行单元化、模块化的有效控制管理（机巢控制界面如图4-25所示）。

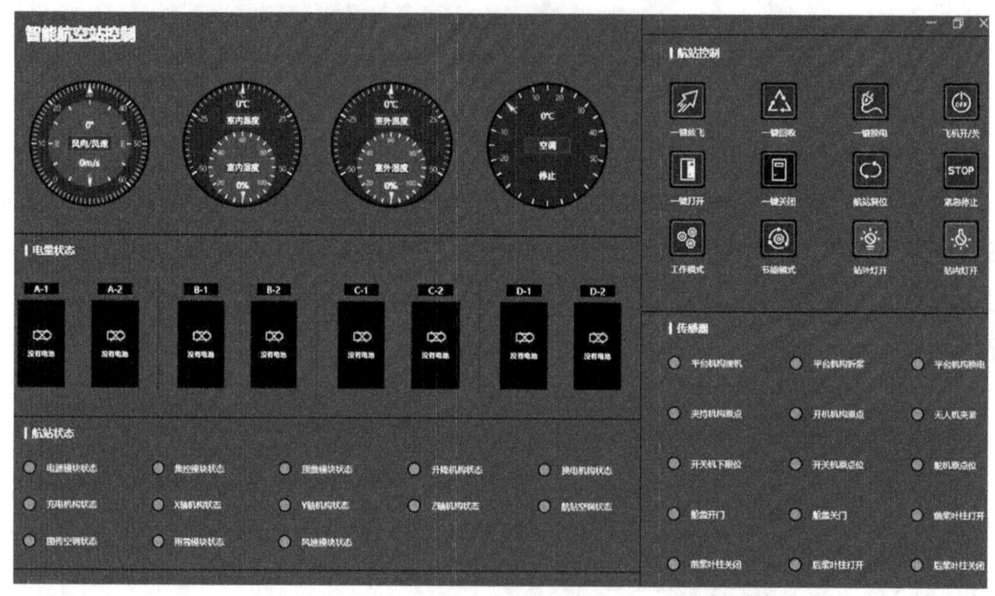

图4-25 机巢控制界面

无人机完成变电站巡视任务后，自主降落到航站停机坪，自动传输巡检采集的可见光和红外图片，平台通过变电站图像数据识别算法和数据分析算法，自动判别缺陷和隐患，提高数据分析效率，在无人机智能巡视系统进行综合管理、汇总分析及预警。

分析发现缺陷后，智能巡检系统参照设备缺陷定性标准，完成缺陷定性，并依据缺陷信息生成缺陷报表（缺陷图片同步上传）。

巡检平台首页与巡检平台作业预览页如图4-26和图4-27所示。

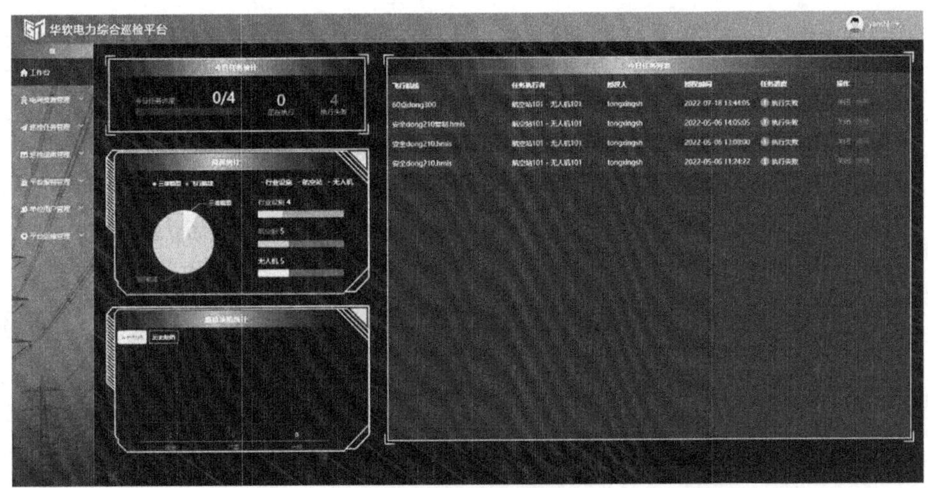

图4-26　巡检平台首页

图4-27　巡检平台作业预览页

无人机巡检系统的必备功能如表4-10所示。

表4-10　无人机巡检系统必备功能表

功能	内容
自动作业	实现无人机全自动巡检作业，定时起飞、自动回收、自动换电等
三维模型	直观呈现变电站实景三维模型，实现多变电站模型的显示与管理，确保飞行任务的准确性
飞行航线	实现变电站内无人机作业任务的飞行航线管理，通过实时获取无人机飞行轨迹及飞行位置，校对飞行任务航线与实际飞行路径，保障飞行任务执行的合规性和合理性
视频直播	自动同步无人机视频流数据，实时查看多路无人机视频

续表

功能	内容
实时监控	基于三维地理信息系统，呈现输电线路三维模型、实时视频、飞行航线、无人机飞行实时数据，保障飞行任务多方面监控
资源管理	实现对变电站资源的集中化管理，包括对变电站及其场地、间隔等变电站设备资源的管理与维护，以树状图和表格等形式进行展示
设备管理	实现对变电站巡检设备的维护与管理，包括对固定机巢及无人机设备等进行集中化管理，并提供授权使用、运维保养记录等功能
人员管理	管理飞手，实现对人员的按需调度、任务分配等，降低运营成本
航线管理	平台化管理无人机飞行航线，根据需求规划飞行航线，支持平台内航线数据共享
成果管理	存储无人机、无人机机巢等数据适配机型采集的成果，建立数据库及管理机制，实现成果信息化管理，生成成果报告
缺陷管理	分析飞行成果，对缺陷进行标记或自动生成缺陷报告，支持对缺陷信息进行评审，支持针对缺陷信息自动发出报警提醒，实现智能化一键导出缺陷报告
作业任务管理	根据不同的应用场景，规划不同的任务类型，实现无人机自动飞行和按需人工飞行，实时掌握任务执行状态，实现4W管控
数据存储公有云	平台通过云存储飞行数据及业务数据，信息管理流程依据SOC 2安全标准设计，保障更安全的数据存储及平台使用
数据存储私有云	平台将飞行数据及业务数据存储在用户的本地服务器中，便于数据集中管理

无人机在执行巡检、环境检查、安全作业检查等任务时采用图4–28所示的工作流程。

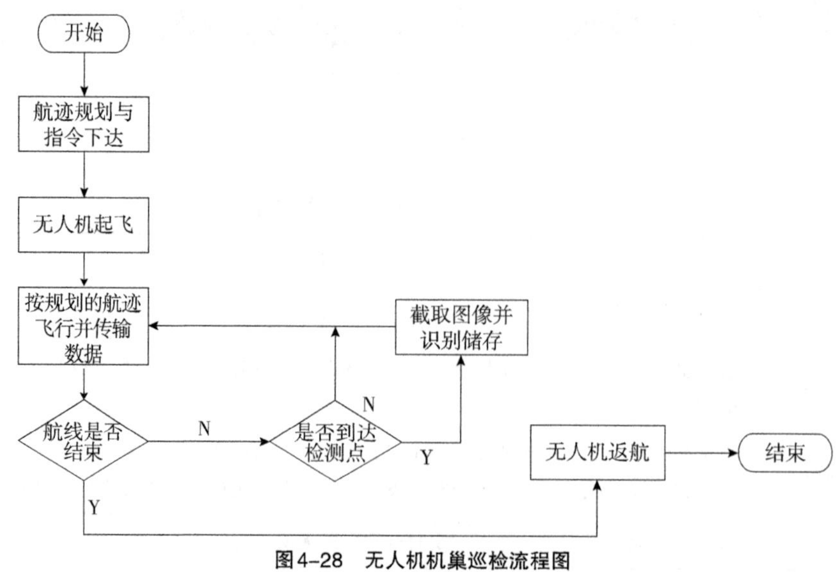

图4–28　无人机机巢巡检流程图

工作流程由操作员从界面发起任务开始，先对任务进行航迹规划，得到无人机要飞行的航迹以及检测点位数据，随后控制无人机从机巢中起飞并沿着规划的航迹飞行。在飞行过程中实时判断是否到达检测点，若到达检测点则截取图像并执行对应的识别任务，储存识别结果。当无人机到达航线终点时，控制无人机返航降落到机巢中。

4.无人机机巢巡检系统管理模块

（1）机巢管理

主要负责检测站内所有机巢的状态，包括各机巢的周边环境数据（温湿度、风速、风向），机巢自身工作状态（平台展开回收管理、电池充放电管理、机巢健康监测等），无人机基本工作状态（执飞、待机、检修等）。

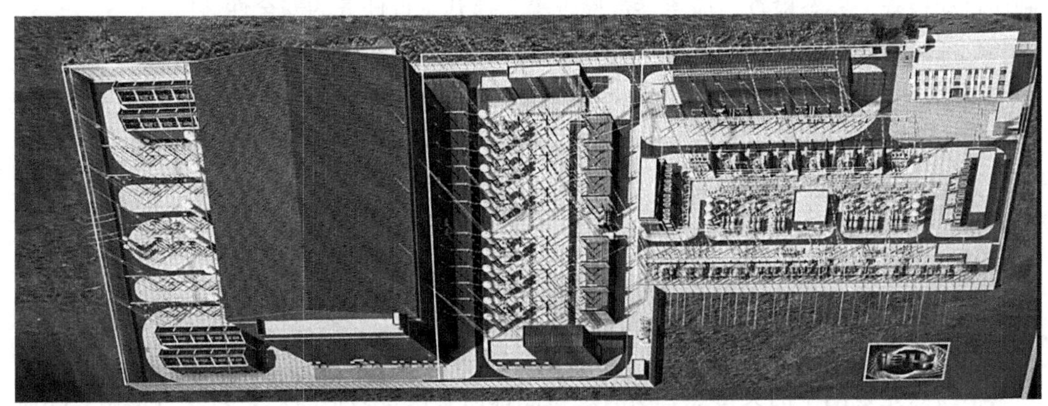

图4-29　无人机机巢环境俯视图

（2）无人机通信链路管理

主要负责实现无人机与系统的连接和通信，包括通信方式的选择、通信协议的选择、通信接口的选择和调用等任务。系统支持多个链路同时控制多套无人机的飞行管理，同时对多台无人机的飞行状态和飞行任务进行维护。

（3）机载参数维护

机载参数包括当前无人机的机载基本参数，如无人机安全状态、飞行模式、电池电量、GPS位置等，可以实现机载参数上传、下载、修改、显示等功能。

（4）飞行任务管理

航点飞行任务管理包含航线规划和航机操作等，任务开始前根据预定的飞行计划规划好本次任务的飞行航线，选定相应机巢的无人机，并将这一规划发给飞控计算机。此模块可实现任务信息保存和载入复现的功能。

（5）飞行器控制

飞行器控制主要是管理和改变飞行器的飞行状态，如控制飞行器起飞、降落、悬停等。

（6）飞行信息显示

包括飞行器状态栏显示和飞行参数显示。飞行器状态栏主要显示飞行器当前的状态，如飞行器当前是否解锁、飞行模式、飞行位置及速度、电池电压、电池剩余电量、连接状态等。

（7）异常诊断系统

异常诊断系统实时监测链路是否正常、飞行器高度、偏航状态等，从而为操作手提供警示与参考，使系统对于飞行任务状态有准确评估和及时响应。

（8）飞前检查及测试

在无人机起飞前对于起飞环境进行飞前安全检查及测试，主要包括线路检查、控制面自动检查、姿态检查、应急参数检查等，提升飞行任务的安全性。

5.地图管理与航机规划模块

飞行监控管理模块作为整个平台的监控板块，提供任务作业时的实时检测数据，包括无人机的执行任务信息、飞行实时数据、视频数据、飞行成果数据等，从而实现对任务作业的可视化管理。图4–30为无人机巡检系统地理信息图和航线示意图。

（1）地图管理

本模块实现三维地图读取、显示、选点交互等功能，可提供枢纽点、地图干扰情况等数据。

枢纽点是地图中的关键点，所有巡检点都需要设置为枢纽点，另外可根据实际需求设置关键位置为枢纽点。由于点云地图数据量庞大，界面显示、可交互选取的点均为枢纽点。同时，能够预先录制坐标点作为路径规划枢纽点，将枢纽坐标点录入系统。

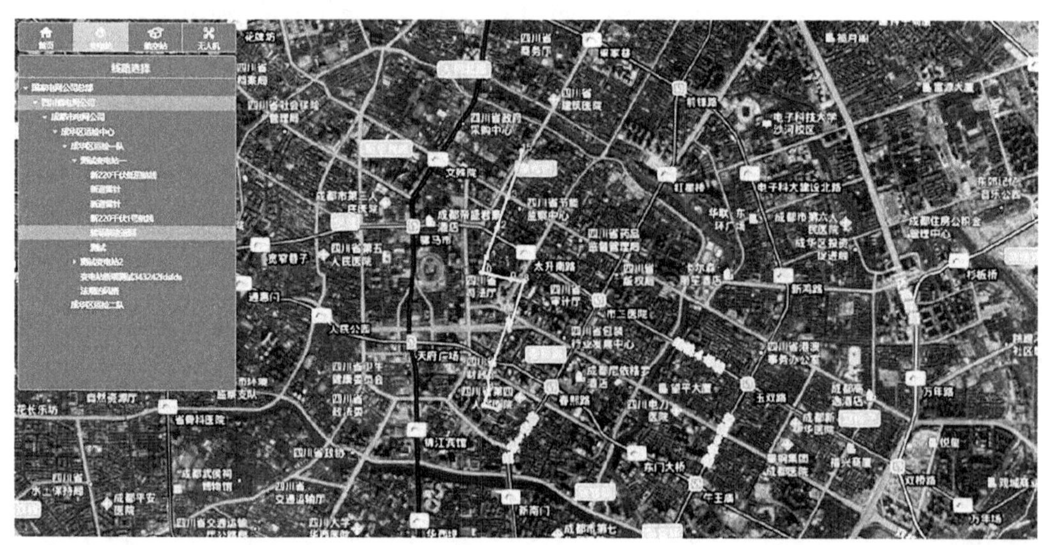

（a）

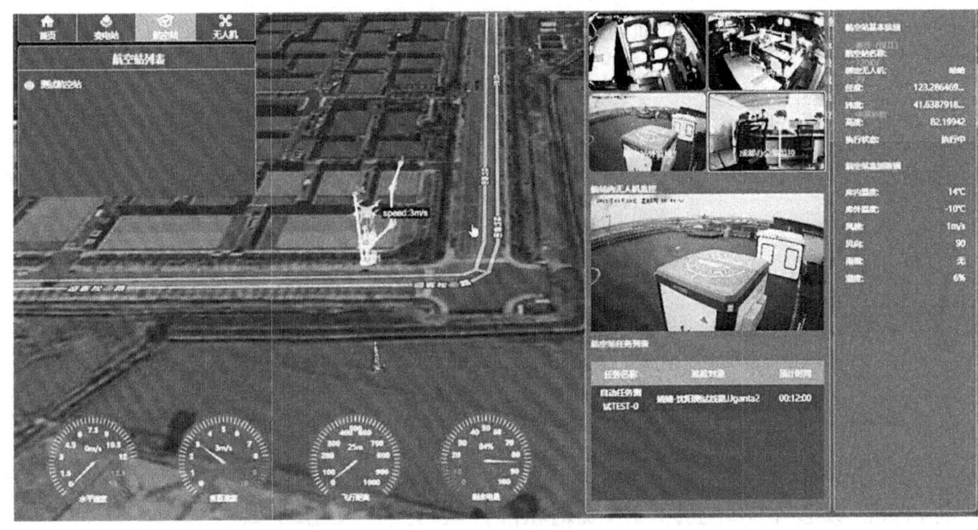

（b）

图4-30　无人机巡检系统地理信息图和航线示意图

地图干扰情况由现场实际勘测得出，相关数据可用于航迹规划中避开干扰过大的区域，保证无人机飞行安全。

图4-31为地图管理定位坐标图。

图4-31　地图管理定位坐标图

（2）航迹规划

1）功能原理

无人机路径规划模块能够在无人机执行给定区域的地图构建或是其他搜索、巡逻任务时，对覆盖该区域的飞行航迹进行规划，以确保搜索覆盖性与精确性。

2）数据流程

无人机路径规划软件接收目标区域边界GPS位置点集合，经过算法计算生成飞行航迹点集合，如图4–32所示。

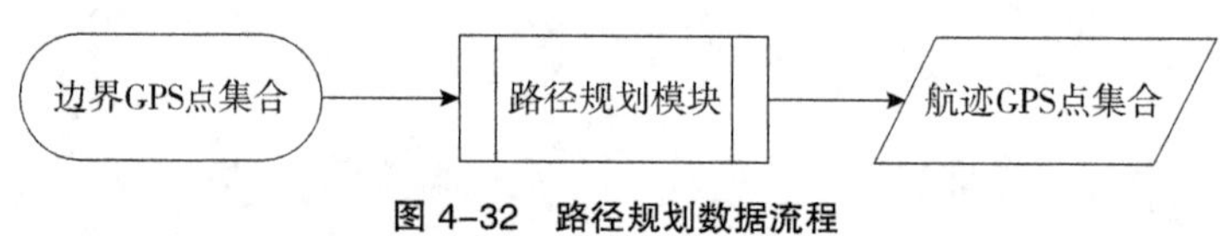

图4–32 路径规划数据流程

3）实现途径

路径规划模块最终以源码或链接库的形式整合到本系统中。当需要进行路径规划时，将目标区域边界GPS坐标输入规划软件，获得路径规划结果。

（3）人工示教航迹

①作业人员必须对变电站周边的环境和需要巡检的对象进行“一对一”的现场观察，根据作业对象具体工况确定巡检拍摄的内容和顺序，并制作无人机巡检路线图。

②飞手操控飞机平稳飞离地面约2m高度悬停，检查无人机飞行姿态是否正确，检查无人机的稳定性。

③无人机以站内通行道路为低空水平移动路径，移动高度为2m，到达设定的第一个任务点后根据巡检对象高度垂直升降，然后根据拍摄目标调整无人机和相机角度，通过打点软件记录下各个悬停点的位置和任务设备参数（如相机角度、焦距等）。

④第一个任务点拍摄完后，无人机下降至2m高度，沿站内通行道路移动至第二个任务点，同时记录各个悬停点位置。

⑤依次按照第三、四步继续打点工作，直至完成全部巡检对象的航线规划。

（4）模型生成

①飞手在现场通过飞速，温度，湿度等天气和环境因素判断是否具备飞行条件。

②通过无人机携带的激光雷达设备模块，针对目标变电站进行实地飞行，获取原始数据。

③将数据导入三维模型生成软件中，调节生成参数，最终生成激光点云三维模型。

④将生成的三维模型导入我们自己的变电站巡检平台中，与相应的电网资源设备进行绑定。

（5）预设航迹

将人工示教完成的航迹线导入系统，与相应的资源模型进行关联，界面直观呈现无人机飞行的实际轨迹。图4-33为无人机机巢巡检航线示意图。

图4-33　无人机机巢巡检航线示意图

（6）用户管理模块

用户管理模块采用基于角色权限的RBAC管控模型（Role-Based Access Control），RBAC的核心在于用户只和角色关联，而角色代表对应的权限，是一系列权限的集合。

用户通过成为适当的角色而得到这些角色的权限，且可以很容易地从一个角色转换为另一个角色，授权管理更加灵活。

该系统拟将用户划分为以下角色：监控员、操作员、管理员。各角色权限如下：

监控员：能够查看当前系统所有信息，包括无人机状态、视频监控、地图状态、历史记录等；能够对视频监控进行截图存储。

操作员：在监控员权限基础上，添加无人机巡检操控、巡检任务规划、地图导入等权限。

管理员：在操作员权限基础上，添加用户添加、删除、修改等管理权限。

权限设计范围包括用户界面浏览、新界面跳转、界面各种输入等操作，对各类操作进行权限等级编号排序，编号越小的操作所需权限越高。

（7）日志记录与分析模块

该模块负责处理日志记录与实现分析查看功能，系统所有日志通过本模块存储，该模块提供用户界面用于查看历史记录，且能够对日志按时间、类别等进行筛选，以便进行相关分析。如图4-34所示，日志记录与分析微服务主要由日志存储器、载入器、筛选器实现，分别用于将软件运行日志存储到硬盘，从硬盘载入日志数据，依据一定条件对日志进行筛选。

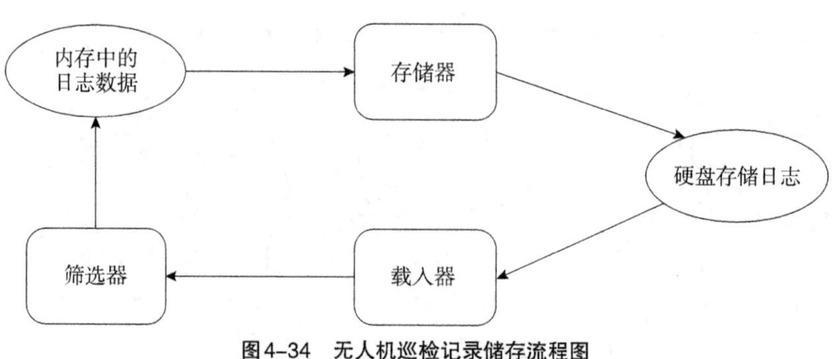

图4-34　无人机巡检记录储存流程图

考虑日志数据量较大，如采用数据库存储将受到性能影响，且考虑日志文件仅在查阅分析时被读取，预期采用日志文件形式存储日志数据，在硬盘指定目录下按照一定规范命名。

（8）案例说明

1）机巢环境确认

通过机巢的智能感知装置，检测机巢附近的环境和温湿度，判断是否符合无人机巡检的安全要求，确认现场环境后开展自主巡检。图4-35为无人机机巢环境感知数据示意图。

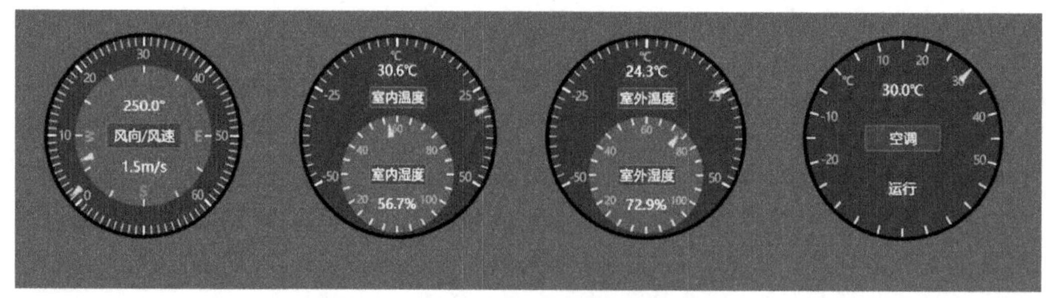

图4-35　无人机机巢环境感知数据示意图

2）巡检任务下达（如图4-36所示）

根据变电站巡视设备数量、巡视内容制订无人机机巢巡检计划，填写巡检变电站、巡检班组、任务类型、任务航线、任务时间等信息，并提交审核。

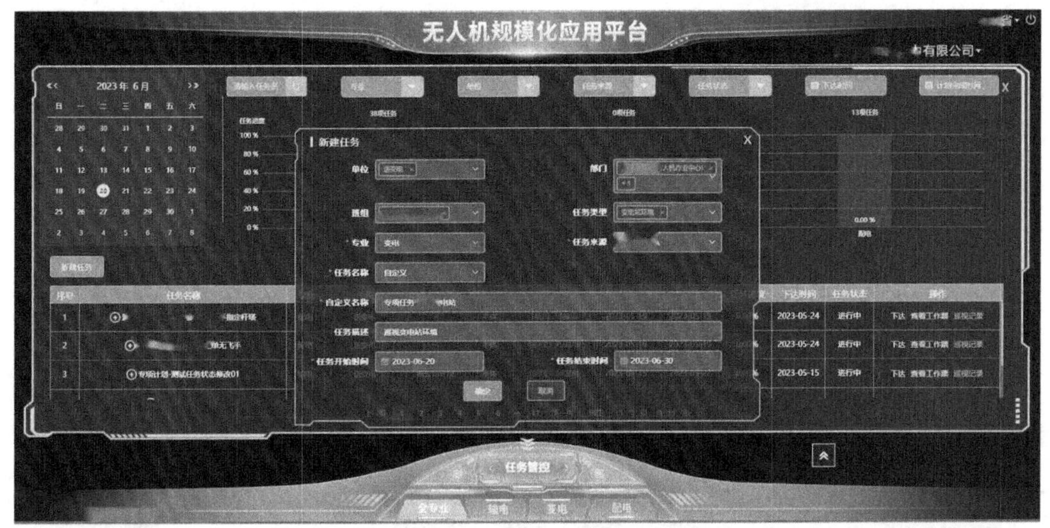

图4-36　无人机巡检任务下达示意图

3）自主巡检

根据巡视任务内容，将航线下载至无人机，下达一键放飞指令，无人机即刻开始自主巡检，巡检完成后，可按需选择一键回收、卸载电池等任务。无人机机巢远程控制功能如图4-37所示。

图4-37　无人机机巢远程控制功能

①高层设备区巡检

高层电气设备巡检可覆盖变电站门型构架、避雷针、母线及其附属设施、悬式绝缘子等全部室外高层设备，可以覆盖人工例行巡检的盲点。

图4-38和图4-39为高层设备巡检样例。

图4-38 无人机高层设备巡检样例一

图4-39 无人机高层设备巡检样例二

②中层设备区巡检

中层电气设备巡检覆盖变电站断路器、隔离开关、避雷器、主变压器及支柱瓷瓶等大部分室外中层设备。无人机飞巡可取代人工对设备外观进行巡检，尤其是对于位置较高、人工不易辨识的油位计、设备顶部锈蚀、主变瓦斯油位等进行全面的巡检补充。图4-40为无人机中层设备巡检样例。

图4-40 无人机中层设备巡检图

③低层设备区巡检

低层设备飞巡主要是对设备的表计、位置指示、电压互感器油位进行巡检，在保证安全的情况下，尽量覆盖巡检部位。图4-41为无人机低层表计巡检图。

4）图像智能识别

无人机机巢巡检完成后，图像可自动回传至无人机巡检系统，系统通过集成多种人工智能算法模型，智能识别巡检图像中的缺陷。图4-42为变电智能识别图。

5）图像复核（任务终结）

图像智能识别完成后，作业人员可通过系统对智能识别后的图像进行复核，将缺陷推送至PMS，纳入缺陷处置流程，巡检任务终结。

6）多专业协同巡检

目前，为更好地拓展无人机机巢价值，实现机巢跨专业共享，积极提取变电、输电、配电等专业共性需求，规划输变配红外测温、异物巡检、覆冰舞动后巡检、震后精细化巡检等多专业协同巡检航线，打破专业壁垒，实现无人机机场多专业共享。

图4-41　无人机低层表计巡检图

线路名称	变电	杆塔号	
缺陷种类	刀闸状态	缺陷等级	一般
备注			

检测图片：

缺陷局部截图：

图4-42　变电智能识别图

多专业航线巡检完成后，系统可自主分离变电、输电和配电航线，将巡检数据自动分流推送，构建“一条巡检航线、多个专业任务、数据分流推送”的运检模式，有效减少输变配多专业同一场景的重复巡视，提高巡检效率，实现机场共享，构建输变配一体化巡检新模式（如图4-43所示）。

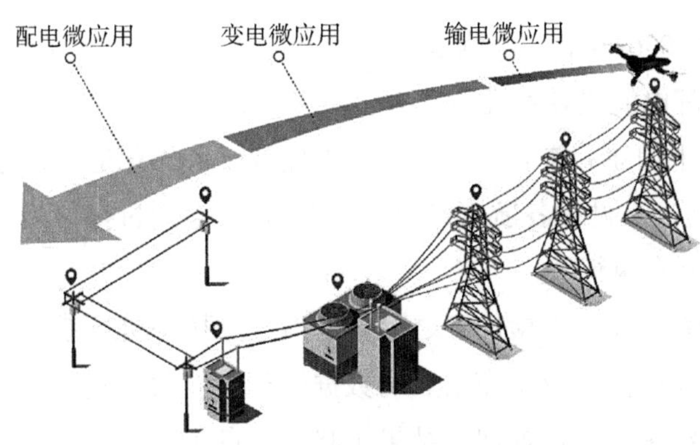

图4-43　输变配一体化航线示意图

7）航线切割和数据推流

当前无人机自主巡检已经成熟，无人机机场也逐渐替代巡线人员现场飞行，大大提高了巡线效率与质量，但是当前输、变、配巡检各自独立，未能产生联动。无人机机场周边往往覆盖有输电线路、配电线路以及变电站，如何有效地实现输变配一体化巡检，提高巡视效率，产生更大的经济价值，有待进一步探索。

输变配一体化巡检的实现方案如图4-44所示。

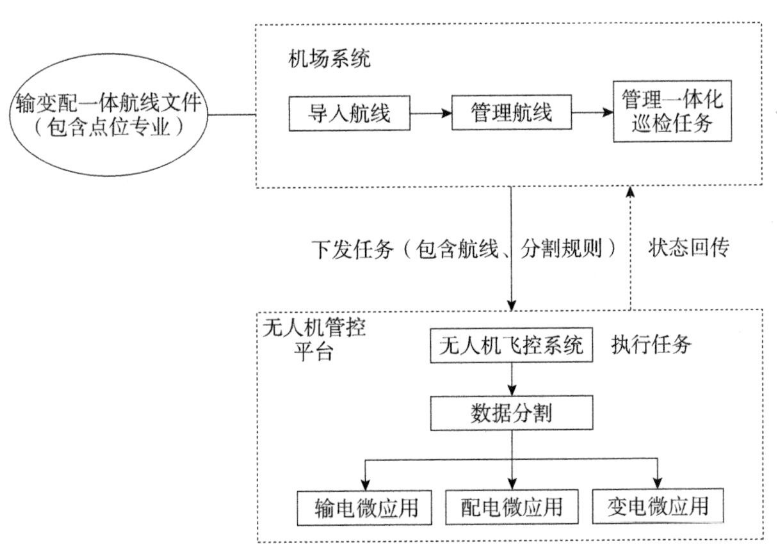

图4-44　输变配一体化航线切割流程图

①完成激光点云数据的采集以及航线规划，生成的航迹文件为json格式，按照规则赋予各航线文件专业特征，用于区分其专业类型。航点包含拍摄点位照片的名称。

照片名称由以下内容组成：

电压等级-线路名称-杆塔号-部件名称-拍照时间-航点编号-大疆编号

例：

500kV托源二线0364号塔-左侧地线-20221103-142416_13-DJI_0361_W.jpg

②将规划的输配电航线导入机场系统管理、展示。

③在机场系统中创建、查看、管理、下发输变配一体化巡检任务。下发巡检任务（包含航迹文件、航迹文件中各航点对应的专业信息），通过接口下发至无人机管控平台，由无人机管控平台执行。

④无人机飞控系统完成巡检任务之后将巡检数据按照机场系统传来的各航点对应的专业信息进行数据分割。分割完成后的数据传至对应的微应用平台，无人机飞控系统同时将任务执行结果以及数据回传结果（状态信息）通过接口告知机场系统。回传至各个微应用的数据，将形成一条对应专业的巡检任务，进入各个微应用的任务管理模块。

第五章

变电站无人机航线规划作业方法

无人机自主巡视在变电站运维和“死角”巡视中具有独特优势，包括巡视灵活，表计读数准确，红外测温速度快、范围广等，可以有效弥补传统巡检方式的不足，减轻运行人员工作负担，提高变电站巡检质量。

按照航线规划技术的不同，一般可将航线规划方法分为基于人工示教飞行的航线规划和激光点云三维模型的航线规划。

第一节　航线采集设备要求

一、无人机系统

①无人机系统挂载任务设备在无风环境悬停的最大续航时间应不小于25分钟；

②在相对高度100m、无干扰源、无遮挡区域，无人机的有效控制及图像传输距离应不小于5km；

③无人机应能抗不小于6级风力的风；

④GNSS导航模块的无人机飞行航迹偏差应不大于4m，悬停控制偏差水平方向不大于1.5m，偏差垂直方向不大于0.5m；

⑤用于精细化巡检的多旋翼无人机应具备RTK定位功能，定位精度水平方向不低于lcm+lppm，垂直方向不低于1.5cm+lppm；

⑥具备水平四个方向的避障功能，并且能够自定义避障安全距离，触发避障功能后，无人机应立即悬停；

⑦支持相机关键参数自定义功能，如ISO、EV曝光值、焦距、测光模式、曝光速度、画幅比例、畸变矫正等，对于相机存储卡中影像文件名称、上级文件夹名称具备自定义重命名功能；

⑧无人机自动执行航点数量应不低于200个；

⑨无人机应具备无人机（包含飞行坐标、速度、高度、姿态、故障信息等）、任务设备（包含相机参数、云台姿态角度等）以及控制站（包含操控记录、飞行信息等）的状态信息记录存储、导出及分析工具；

⑩应具备异常情况报警和记录功能，动力故障、传感器故障、任务设备故障等发生时，飞行控制、电池电压等信号模块或部件发生故障时，地面控制站上应通过明显的声光进行报警提示，出现影响飞行安全的问题时应禁止飞行。

二、可见光相机

①相机有效像素不应低于2000万像素；

②相机物理焦距不应低于8mm，或使用具备不低于2倍光学变焦的相机；

③相机存储卡容量不应低于32GB，配备的存储卡读写等级不得低于class 8；

④配备三轴无刷云台，俯仰角度为+30°~-90°；

⑤支持照片文件XMP信息自定义。

三、地面站系统

①设备CPU频率应不低于2.0GHz，核心应不少于8核；

②设备运行内存应不低于6GB；

③设备存储容量至少32G；

④具备航点任务断点续飞功能，任务异常时可采取自动返航模式；

⑤具备设备三维坐标采集功能，可更新原有电网设备坐标信息；

⑥起飞前，系统自动检测无人机各类导航与避降传感器的工作状态（GNSS、惯导、地磁传感器、视觉、超声波、红外等），以及动力电池、遥控器、地面站、相机存储容量等基本信息；

⑦支持任务回放功能，可查看飞行影像数据、飞行轨迹等信息。

四、地面激光扫描仪

①测量速度不应低于244000点每秒，测距误差不应大于3mm；

②视野范围垂直不应小于300°，水平不应小于360°；

③最大垂直扫描速度不应小于90Hz；

④激光等级满足1级激光要求；

⑤激光束发散角不应小于0.3mrad（1/e），出射光束直径不应小于2.12mm（1/e）；

⑥支持至少32GB大小的SD存储卡，扫描仪可通过触摸屏和WLAN连接，可通过带有HTML5的移动设备进行访问；

⑦具备双轴补偿器，对每次扫描进行水平校准，精度不应低于19角秒，误差不应大于2°；

⑧具备电子气压计，可测得与固定点相对的高度并将其添加至扫描；

⑨具备电子指南针，可指示扫描的方向，集成GPS和GLONASS；

⑩地面激光扫描仪配置高精度网络GNSS或者星基定位基站，能够配准变电站整体点云，误差不超过5cm。

第二节 航线规划要求

一、航点要求

①设备区原则上每个设备1~2 个点位，避雷针每段3 个点位，建筑物原则上每个1~2 个点位，围墙原则上每8~10 米1 个点位。

②入航点应根据设备分布或电压等级分区域设置，每个区域宜按设备规模设置航线数。入航点原则上设置在垂直方向上无设备的空旷空间。

③位于航点或辅助点的无人机与变电设备的直线距离原则上应符合设备带电作业工况下的安全距离。

④设置的航点应保证拍摄内容居中、图像清晰。在无遮挡的情况下，宜采用远距离变焦拍摄。

⑤应在变电设备斜上方拍摄，禁止在变电设备及通道正上方长时间悬停。

二、航线要求

①航线覆盖应满足变电站巡视要求，遵循“安全为主、高效协同”的原则，充分考虑无人机巡检的安全性和必要性。

②航线路径原则上采用纵向和横向直线，总体采用环绕形，并尽量避免穿插往返。

③航线采集应从设备外围开始，再逐步进入设备区，确保航线的安全性。同一条航线应避免跨越多间隔设备，尽量避免因设备改造影响航线范围。

④设备区原则上以1~2个间隔为一条航线，避雷针原则上以3 根为一条航线，建筑物整体为一条航线，围墙原则上整体为一条航线。

⑤一条航线的巡检点位数控制在30~50个，一个架次至少包含一条航线，确保航线的完整性。

⑥单条航线航时不应超过无人机最大续航能力的70%，具备断点续飞功能的无人机在航线间断点应保持足够的返航电量。

⑦规划航线前，应梳理巡检设备台账，对巡检设备各个点位进行命名，确保巡检点位命名与航点一一对应。

⑧规划航线时，应结合变电站平面图、全景图及设备现场实际布置状况，合理选择最优路径与航线航点数量，航线中的飞行速度应不大于2m/s，出入入航点的速度不应大于5m/s。

⑨起降点应选择远离强磁设备、与变电设备保持足够的安全距离、符合无人机起降条件的平整场地。

⑩相同高度的变电设备应规划为同一条航线，不同高度的设备宜拆分成多条航线巡检或按照“先高后低”的原则巡检。

⑪ 航线验证时，操作人员应跟随无人机，随时做好异常情况手控切换，监护人员做好监护和记录。航线规划人员应及时根据验证记录做好航线优化与调整。

第三节　人工示教航线采集流程及标准

一、人工示教航线采集过程

人工示教航线采集过程如图5-1所示。

RTK无人机记录航点

·基于RTK无人机，首先人工采集杆塔拍摄点位，并调整好相机角度，保存航电

保存航线

·在APP端保存航线，并可单独编辑每个航电位置、相机角度，导出、导入航线文件

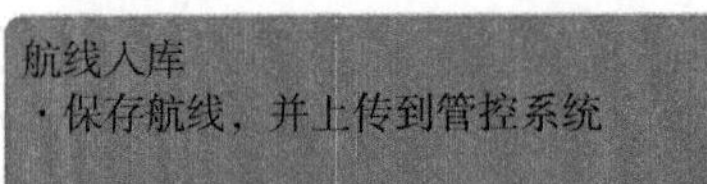

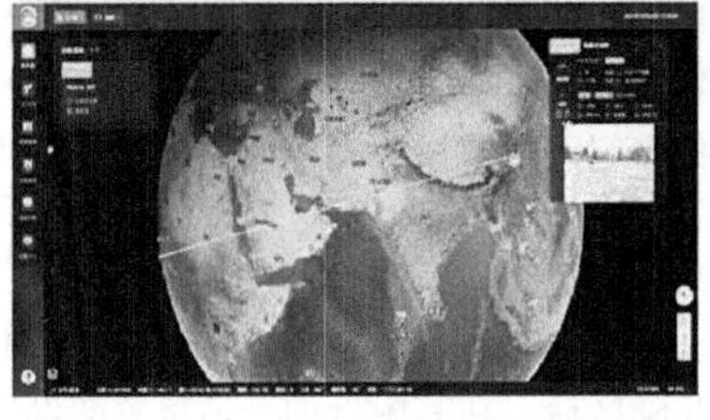

图5-1　人工示教航线采集过程

二、人工示教作业流程、标准及注意事项

人工示教作业流程、标准及注意事项如表5-1所示。

表5-1　人工示教作业流程、标准及注意事项

序号	作业项目	作业标准	注意事项
1	工作许可	①办理工作许可手续	确认现场天气、地形和无人机状态适宜作业

续表

序号	作业项目	作业标准	注意事项
1	工作许可	②工作负责人现场核对作业区域、作业人员、安全措施等	检查巡检区内设备、架构有无异常
2	现场交底	①交底巡检任务信息	工作负责人在交底时须根据作业指导书内容明确作业区域、作业时间、作业地点、巡检机型、巡检任务等
		②交底人员分工职责	工作负责人应合理选择作业人员，明确职责分工
		③交底危险点及安全措施	工作负责人监督作业人员实施现场安全措施
		④交底巡检技术措施	工作负责人根据作业指导书及现场实际情况，按航前检查、飞行巡检、航后撤收三个阶段向作业人员交底具体技术规范
		⑤检查人员状况	全体工作班成员应精神状态良好，无妨碍作业的生理和心理障碍，作业前8小时及作业过程中严禁饮用任何酒精类饮品
3	布置作业现场	现场应使用工作围栏划分不同的功能区，功能区包括地面站操作区、无人机起降区、工器具摆放区等，各功能区应有明显区分。起降区周围应设安全围栏，禁止行人和其他无关人员逗留	①起降场地应为不小于2m×2m的平整地面。 ②巡检全过程中，起降场地与无人机应保持通视，保证遥控、通信质量良好。 ③起降场地周围应无高大建筑、线路或树木等障碍物，以及地下电缆等干扰源。 ④尽量避免将起降场地设在巡检线路或无人机飞行路径下方、电磁干扰较强的设备附近。 ⑤若起降区地面尘土、砂砾、树枝等杂物较多，应铺设帆布，防止无人机起飞时杂物卷入旋翼面或机体内造成意外。选定起降区后，在其附近的合适位置架设地面站，架设地面站时，应确保在巡检全过程中通信天线与无人机无遮挡，保持通信质量良好。现场布置应保持整洁、有序，工器具放置整齐
4	系统检查	严格按照无人机操作规范及使用说明书要求组装、检查无人机、地面站及通信设备	①外出作业前，检查存储卡、各类电池、负载任务传感器健康状态以及无人机、遥控器等固件更新状态。 ②作业前，应先检查可能对无人机巡检系统通信链路造成干扰的异常信号源。 ③起飞前，应再次检查无人机本体以及支持飞行作业系统，确认电池电量和旋翼安装可靠性，以及指南针、导航定位系统、通信传输、数传图传系统、避降系统等功能是否正常

续表

序号	作业项目	作业标准	注意事项
5	人工示教采集航线和验证	起飞	①起飞前，作业人员一定要认真检查飞行参数设置是否正确，应预先设置无人机紧急情况下的安全策略，避免造成意外事故。 ②操作人员再次确认设备全部正常，无人机周围无人员后启动动力系统（电机）。 ③无人机升至低空后，应确认定位悬停姿态稳定及地面站数据正常，注意观察无人机有无异响或不稳定等异常状况
		巡检飞行	作业过程中，作业人员之间应保持良好沟通，确保作业安全： ①变电站智能巡检APP可读取航线规划软件输出的航迹，识别无人机位置、云台角度、变焦倍数等航线信息，连接无人机遥控器，实现无人机自主巡航； ②实时关注无人机RTK状态，RTK失锁后应检查差分数据链路，连续失锁30秒后应终止任务，立即安全返航； ③巡检过程中，作业人员应密切关注遥控链路、图像链路信号状态、电池、风速、无人机航迹，如出现明显异常，应及时暂停作业
		返航降落	巡检任务结束后，无人机自动飞回起降场地上方并平稳降落；现场人员应与降落地点保持安全距离
6	航后撤收	无人机旋翼完全停转后，作业人员应先关闭动力电源，再关闭遥控器及地面站电源，将电池放回电池防爆箱	在无人机旋翼还未完全停转前，严禁任何人接近。确认所有设备状态良好后，进行设备撤收，定置收装各设备及工器具。撤收完成后，应与设备清单核对，确保现场无遗漏
7	工作终结	工作负责人向工作许可人汇报，履行工作终结手续	确认所有工作已完结，所有设备、工器具已收回

第四节　三维点云航线规划作业方法

一、激光雷达点云数据要求

①变电站激光点云宜采用地面激光雷达采集，采集前根据雷达开角合理设计站位，确保数据完整无遗漏；

②点云密度不应小于250点/㎡，场站各种设备轮廓应清晰；

③点云的平面和高程绝对误差不大于10cm，平面和高程相对精度中误差不大于7cm；

④点云坐标系应为CGCS2000当地中央经线的UTM投影坐标，高程应采用椭球高；

⑤场站局部区域发生改扩建后应及时进行重新扫描。

二、激光点云采集流程

1.点云精度控制

（1）控制点测量

目前GNSS已广泛作用，利用GNSS可极大提高控制点外业测量工作效率。采用GNSS网、CORS站、双基准站、RTK等方法，可迅速获取控制点平面位置与高程，使用RTK方式已经可以满足大部分的测绘作业需求。可使用移动网络RTK设备对变电站内均匀分布的地面控制点进行测量，便于后期的点云配准。

（2）控制点布设原则

①控制点在全区统一布设，在测区内构成一定的几何强度。控制点要在整个测区均匀分布，选点要尽量选择固定、平整、清晰易识别、无阴影、无遮挡区域，如角点（如房屋顶角点），方便内业数据处理人员查找，如无明显地标可人工喷油漆或使用标靶纸的方式设置地标。

如果是大面积规整区域，像控可按照左图“品”字形布点；如果区域面积很大，且精度要求较低时，可适当抽稀测区内部像控；如果是带状测区，布点需要在带状的左右侧布点，可以按照“S”形或“Z”形路线布点（如图5-2所示）。

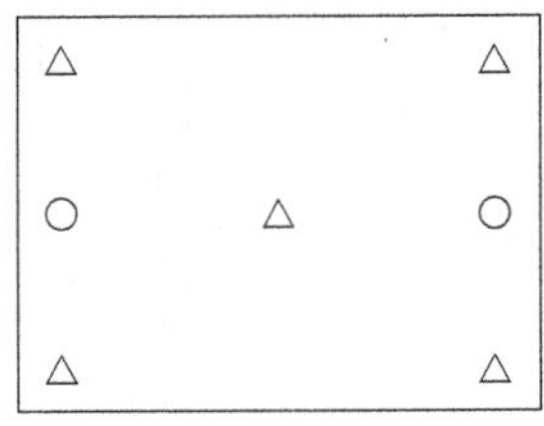

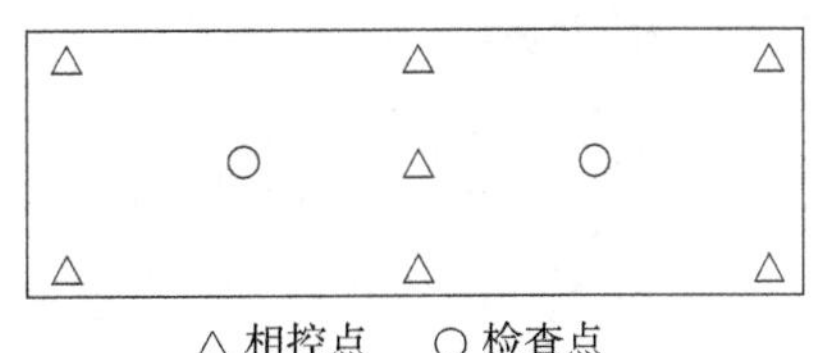

△ 相控点　○ 检查点

图5-2　布设原则

②控制点要选择较为尖锐的标志物，尽量选择平坦地方，避免选择树下，房角等容易被遮挡的地方。

③控制点标志物尺寸应大于20cm，并且不易出现方向性错误，明显显示是标志物的哪一部分。

④控制点和周边的色彩需要形成鲜明对比，如果周边是深色，则标志以浅色为主，如果地面周边以白色为主，则可喷红色油漆。

⑤如果选择地物作为特征点，应该选择比较大的地物，并且提供2~4张现场照片说明控制点的位置，至少有一张显示点的近景位置，有一张显示周边景物位置。

⑥控制点布设首先要考虑测区地形和精度要求，如地形起伏较大，地貌复杂，须增加控制点的布设数量（10% ~20%）。

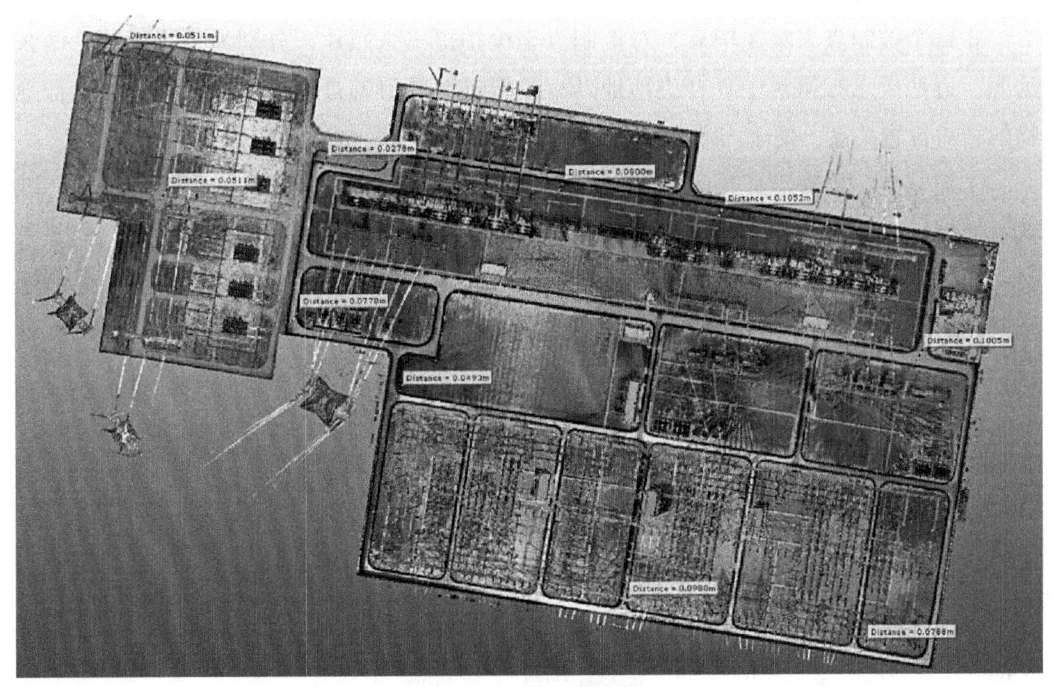

图5-3　控制点布设位置

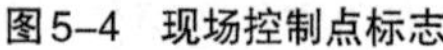
图5-4 现场控制点标志

图5-5 控制点示例

（3）控制点采集步骤

①开机连接CORS得到固定解后一般不要立即测量，首先检查一下水平残差HRMS和垂直残差VRMS的数值，看其是否满足项目的测量精度要求，正常情况下不小于0.02m。

②控制点和检查点分两次观测，每次采集30个历元，采样间隔1秒。在采集过程中保证对中杆的气泡始终处于居中状态。

③每个控制点采集完毕后，对控制点至少拍摄三张照片，分别为一张近照、两张远照。近照要求拍摄对中杆杆尖落地处；拍摄远照的目的是反映控制点与周边特征地物的相对位置关系，便于内业人员刺点。

④控制点、检查点成果表分开保存，每个点均保存大地坐标和投影平面坐标。默认大地坐标为WGS84坐标，投影坐标为高斯投影6°分带。

⑤整理控制点、检查点照片，针对每一个控制点建立一个文件夹，把所拍的控制点照片分类，并放入相应点的文件夹中，使点号、点位与照片一一对应，在文件夹外保存所有控制点和检查点的.csv文件。

2.点云数据采集

（1）点云数据采集流程

通过地面激光雷达扫描变电站，制作基于激光点云的变电站高精度三维地图，可以在三维场景中精确还原站内设备布局。通过高精度三维建模，获取变电站避雷针、绝缘子串、换流变、导线等可能对无人机巡检路径规划造成影响的高层设备厘米级的精确坐标。

三维激光扫描实施总体流程如图5-6所示。

外业激光点云获取流程如图5-7所示。

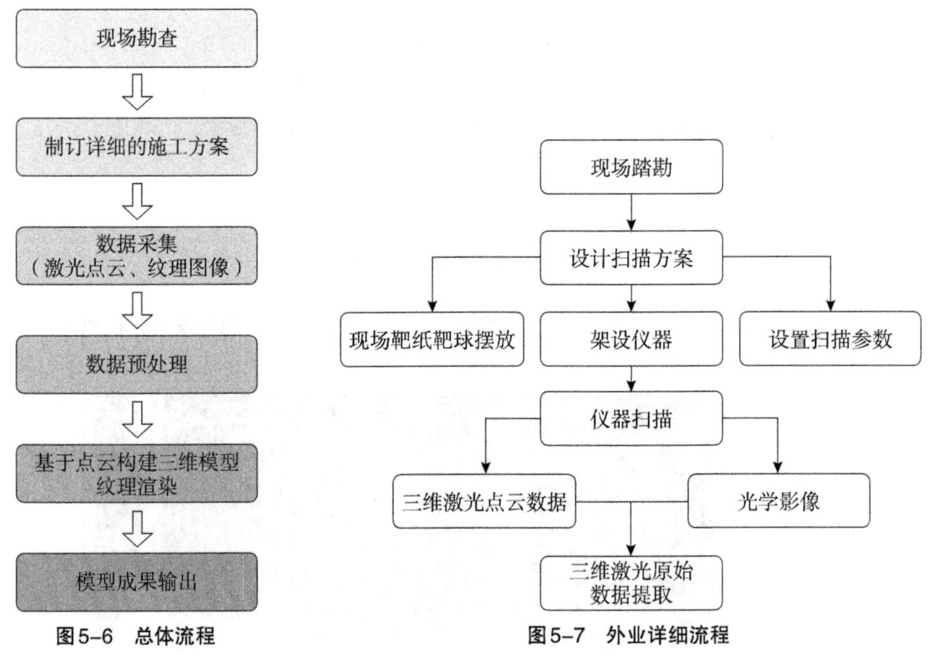

图5-6　总体流程

图5-7　外业详细流程

（2）点云数据采集过程

1）现场踏勘及方案制订

通过对扫描现场进行踏勘，周密地设计外业实施方案，科学地布置扫描，以最少的站点获取最详细的数据。

为了将三维场景导入国家统一的大地坐标，需要布设控制网。首先将三张及以上的标靶纸固定在规划的多个控制点上，通过仪器测量的方式获取控制点高精度坐标。同步使用三维激光扫描仪采集当前空间坐标，并保障能看到三张及以上标靶纸的中心点，最终在点云预处理软件中完成坐标转换工作。

2）激光点云数据获取

架设好仪器后设置仪器参数，在满足项目成果需求的情况下，以最优的扫描参数获取点云数据。

3）激光点云数据处理流程

激光点云数据处理流程如图5-8所示。

具体实施步骤如下：

①三维激光扫描站点拼接。将原始点云数据导入仪器自带点云处理软件，进行站点自动拼接。

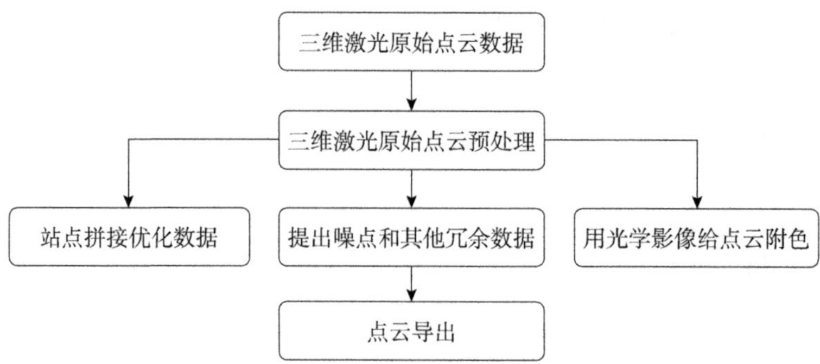

图5-8　激光点云数据处理流程

图5-9　点云自动拼接

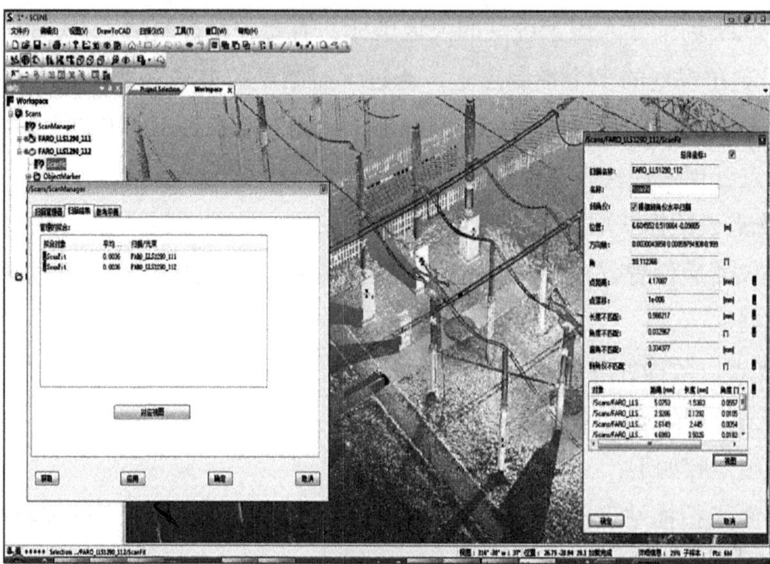

图5-10　拼接后整体点云数据

②点云赋色。将获取的高清影像信息通过软件自动赋予到点云上，快速、真实地还原现场。

图5-11　真彩色RGB点云

③坐标转换。将控制点坐标文件导入软件中，在点云中标定控制点，更新扫描空间，完成坐标系转换。

图5-12　在点云中标定控制点并完成坐标转换

④去除噪声，剔除冗余数据。在数据扫描的过程中，因为主要采用360°全方位扫描，所以不可避免地产生了很多的冗余数据，通过点云处理软件过滤功能自动去除噪声点云，得到滤波点云数据。

⑤点云数据导出。拼接优化完成的滤波点云数据可以导出为各种格式点云文件，为多元化的成果提供原始数据。

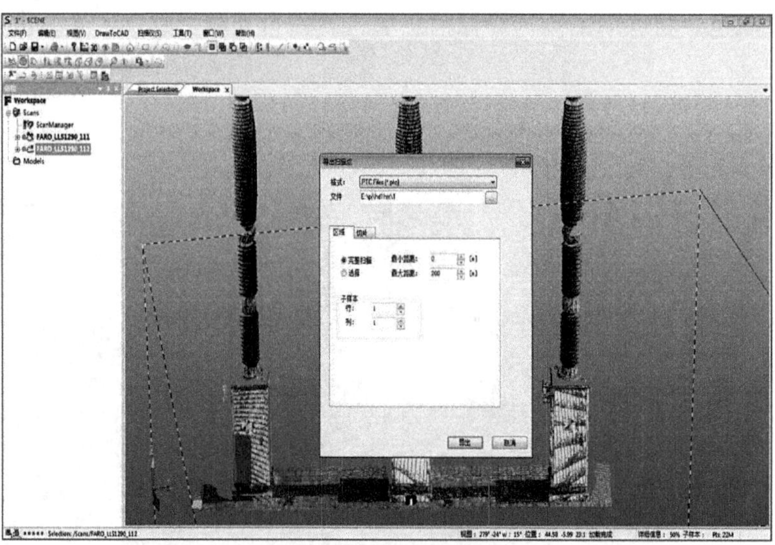

图5-13　去噪后激光点云

图5-14　变电站地面激光点云（抽稀前）

图5-15　根据成果制作要求选择性抽稀导出点云模型

三、自主巡检航线规划

①数据预处理完成后，应采用特征点检查点云数据的精度，保证点云数据的准确性和可用性。对于精度校验不合格的点云数据，应使用控制点进行校正，必要时重新采集。

②在保证设备和风险点全覆盖的情况下，对点云数据进行合并、裁剪、删除多余区域数据。

③在三维空间平台中，手动或自动定制航点、过渡点的相关参数，至少包含拍摄点三维坐标、拍摄距离、相机俯仰角、飞机航向角、相机焦距、安全校验距离等参数。

④自定义三维电子围栏，保证巡检过程中无人机与变电站设备足够的安全距离。

⑤基于点云规划的航线，应针对设备和间隔区域分开采集。

⑥基于点云规划的航线，应将可见光和红外分开采集。

⑦在需要避障时，要手动记录空点，无人机将在后续航线进行到该点时飞行到该点位进行避障，不会进行其他动作。

⑧遵守不同电压等级的变电站安全作业距离的要求，规范作业。

⑨基于点云规划的所有航线都不允许跨越变电站任何设备，只允许无人机在空地、站内道路上空悬停、变焦拍摄。

⑩无人机巡检点位规划完成之后，必须规划原路返回的点位，保证无人机原路返回。

⑪验证航线时，开启无人机避障系统，防止无人机碰撞变电站设备。

⑫验证航线时，开启无人机异常状态悬停或者就地降落设置。悬停状态需要人工进行控制回收；当电量低时，无人机就地降落，人工及时回收。

⑬风险检测应使用碰撞风险检测与人工浏览相结合的方式开展，检测未通过的航线不应发布。

图5-16　自主巡检航线规划示意

第五节　航线管理要求

①无人机自主巡检航线应设专人负责管理，及时禁用或更新发生变化的设备所在的航线或途经该位置的航线。

②自主巡检航线存储内容应包含航线轨迹、覆盖设备、点位设置、规划方式、规划时间、现场校核、适用机型等信息。

③自主巡检航线首次执行前，应进行安全飞行模拟校验和试飞验证。

④自主巡检航线周围设备、环境发生变化后，如影响无人机安全飞行，应重新规划航线并经现场校验合格。

⑤无人机自主巡检作业应使用经现场校核满足安全要求的航线，执行任务前应检查航线通道及机巢环境。

第六章

变电站无人机巡检数据管理

对变电站无人机巡检数据应按照标准化作业要求进行及时处理和分类存档。巡检工作完成后，巡检系统自动上传巡检原始资料，并将巡检原始数据与变电站信息、设备信息等进行对应关联。对不同类型的巡检原始资料进行分析处理，定位缺陷和隐患位置，记录缺陷的详细信息，生成巡检报告，并对巡检报告和巡检原始资料进行归档存储。巡检报告应包括巡检任务、巡检记录等信息。本章介绍巡检资料组成、巡检数据的标准化分析处理及管理要求。

第一节 巡检资料组成

巡检资料包括但不限于当次巡检任务、巡检报告、原始可见光/红外巡检数据和缺陷资料等。在巡检作业完成后，无人机巡检系统自动将当次的巡检数据、发现的缺陷与对应的变电站间隔名称、巡检点位和巡检时间等信息相关联，完成巡检原始数据和结果资料归档。

一、作业过程资料

作业过程资料包括无人机巡检作业信息、现场勘察记录单、无人机巡检系统使用记录单等。其中巡检作业信息应包含变电站名称、巡检间隔、巡检类型、巡检时间、巡检人等信息；现场勘察记录单应包括作业现场条件、起降场地、巡检航线示意图等信息；无人机巡检系统使用记录单应包括起降架次、飞行时间等信息。若采用无人机自主飞行，作业过程资料还应包含变电站巡检点位信息、无人机自主飞行航线数据。

二、巡检原始数据

巡检原始数据应包括但不限于表6-1中的内容。

表6-1 巡检原始数据

巡检类型	原始数据内容
可见光巡检	支持采集柜外开关动作次数计数器、避雷器泄漏电流表、油温表、绕组温度表、液压表、有载调压挡位表、各类油位计、设备室内温湿度表等表计示数； 支持采集断路器、隔离开关、接地刀闸（开关）等一次设备及切换把手、压板、指示灯、空开等二次设备的位置状态指示； 支持采集设备设施的外观状况等； 支持采集变电站环境、建筑设施外观状况等； 涉及特征、状态识别的目标应使其处于采集画面中心位置； 采集的图像应叠加有时间、点位名称等信息； 具备全天候采集视频及图像功能

续表

巡检类型	原始数据内容
红外巡检	断路器、隔离开关、电流互感器、电压互感器及避雷器等设备的本体、接头、套管、引线等重点部位的红外图谱数据
激光扫描	激光雷达原始点云数据

三、巡检结果资料

巡检结果包括巡检数据处理结果和巡检报告。巡检数据处理结果包括经过分析处理后的可见光数据处理结果、红外巡检数据处理结果。以上数据应包括当次巡检发现的详细缺陷信息，如缺陷发生的点位、缺陷的严重程度等。存在缺陷的巡检数据应单独存储。

第二节　巡检数据分析

一、可见光巡检数据分析

对巡检作业的可见光图像或视频数据，巡检系统进行实时分析处理，具备对设备位置状态类非同源巡检结果、对表计类非同源巡检结果、对不同相别间的同类型设备点位巡检结果、对同一设备点位在不同时间的巡检结果进行综合分析的功能，进行缺陷识别和标注工作并发出告警信号；当不具备程序自动识别条件时，应采用人工识别的形式，判断当次巡检作业的变电站设备是否存在缺陷和隐患。识别人员应严格按照《变电站无人机巡检作业技术导则》《变电站无人机智能巡检技术要求》《输变电一次设备缺陷分类标准》等运维管理规定，分析设备缺陷和隐患。可见光典型缺陷参见附录1。

二、红外巡检数据分析

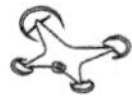

红外热成像技术能直观地显示物体表面的温度场，通过温度异常变化对比值，定位电力设备发热故障点。红外数据分析规则较为复杂，通常需要结合设备现场运行条件，通过表面温度判断方法、相对温差判断法、图像特征判断法等方法综合处理巡检数据，对设备运行状态进行判断，发现故障时系统自动发出告警信号。

1.发热故障分类

（1）外部发热故障

外部发热故障以局部过热的形态向其周围辐射红外线，各种金属部件接头、线夹、柱头等热故障，其红外热图显现出以故障点为中心的热场分布，从设备的热图中可直观地判断是否存在热故障，可根据所测温度分布情况确定故障的部位及故障严重程度。

（2）内部发热故障

内部发热过程一般为长时稳定的发热，故障点以其所接触的固体、液体和气体为介质，形成热传导、对流和辐射，并以这样的方式将内部故障所产生的热量不断地传递至设备外壳，从而改变设备表面的热场分布情况，如线路压变内部的发热。

2.发热故障识别分析

（1）表面温度判断法

主要适用于电流致热型和电磁效应致热型设备。根据待测的设备表面度值，对照附录2，结合检测时环境气候条件和设备的实际电流（负荷）、正常运行中可能出现的最大电流（负荷）以及设备的额定电流（负荷）等进行分析判断。

（2）相对温差判断法

主要适用于电流致热型设备，特别是对于检测时电流（负荷）较小且按照表面温度判断法未能确定设备缺陷类型的电流致热型设备。在不与附录2规定冲突的前提下，采用相对温差判断法可提高判断设备缺陷类型的准确性，降低运行电流（负荷）较小时设备缺陷的漏判率。

（3）图像特征判断法

主要适用于电压致热型设备。根据同类设备的正常状态和异常状态的热像图，判断设备是否正常。注意应尽量排除各种干扰因素对图像的影响，必要时结合电气试验或化学分析的结果进行综合判断。电压致热型设备缺陷诊断依据见附录3。

（4）同类比较判断法

根据同类设备之间对应部位的表面温差进行比较分析判断。对于电压致热型设备，应结合图像特征判断法进行判断；对于电流致热型设备，应先采用表面温度判断法进行判断，如未能确定设备的缺陷类型，再采用相对温差判断法进行判断，最后才按照同类比较判断法判断。档案（或历史）热像图也多用于同类比较判断。

（5）综合分析判断法

主要适用于综合致热型设备。对于油浸式套管、电流互感器等综合致热型设备，当缺陷由两种或两种以上因素引起，应根据运行电流、发热部位和性质，结合上面四种方法，进行综合分析判断。对于因磁场和漏磁引起的过热，可依据电流致热型设备的判据进行判断。

（6）实时分析判断法

在一段时间内让红外热像仪连续检测/监测一被测设备，观察、记录设备温度随负载、时间等因素的变化，并进行实时分析判断。多用于非常态大负荷试验或运行、带缺陷运行设备的跟踪和分析判断。

三、巡检结果告警

巡检系统按照预设的设备告警阈值自动告警，由运维人员确认告警信号中变电站名称、设备名称、部件名称、间隔名称、实物 ID、缺陷类别、告警等级、缺陷或异常

图像（已标注出具体缺陷或异常位置）和实时监控画面链接等信息。巡检系统应支持告警信息的实时监控画面连接快捷跳转，实现人工查看告警设备实时监控画面，人工核查告警信息是否属实，录入反馈意见。设备告警等级包括一般、严重、危急等，巡检过程中的危急告警信息应实时上传至上级系统。

第三节 巡检缺陷标注

无人机巡检设备缺陷按其对人身、设备、电网的危害或影响程度，分为一般、严重和危急三个等级。

①一般缺陷：设备本身及周围环境出现不正常情况，一般不威胁设备的安全运行，可列入年、季检修计划或日常维护工作中处理。

②严重缺陷：设备处于异常状态，可能发展为事故，但仍可在一定时间内继续运行，须加强监视并进行检修处理。

③危急缺陷：严重威胁设备的安全运行，不及时处理，随时有可能导致事故的发生，应尽快消除或采取必要的安全技术措施进行处理。

对可见光、红外中存在的设备缺陷，应保存能够覆盖缺陷信息的画面，并在画面中对缺陷进行标注。

一、可见光图像缺陷信息标注参考

对巡检图像及视频截取帧图像中的缺陷设备，应通过绘图工具逐一进行标注，用红框在图像中标注出缺陷设备部位的准确位置，并在图像上标注设备描述，缺陷描述内容应包括变电站名、设备电压等级、主设备名称、设备部件、缺陷内容。可见光缺陷标注案例如图6-1所示（××变500kV××线主变侧地线挂点金具缺销子）。

图6-1 可见光缺陷标注案例

二、红外图像缺陷信息标注参考

发热设备在红外图像中显现出以故障点为中心的温度异常，从设备的红外测温图像中可直观地判断是否存在温度异常，可根据温度分布确定故障的部位。红外设备在显示屏上可显示多个温度点标记，对确认的缺陷红外图像，一般在缺陷位置显示温度，通常采用显示图像中的最高温度。红外缺陷标注案例如图6–2所示。

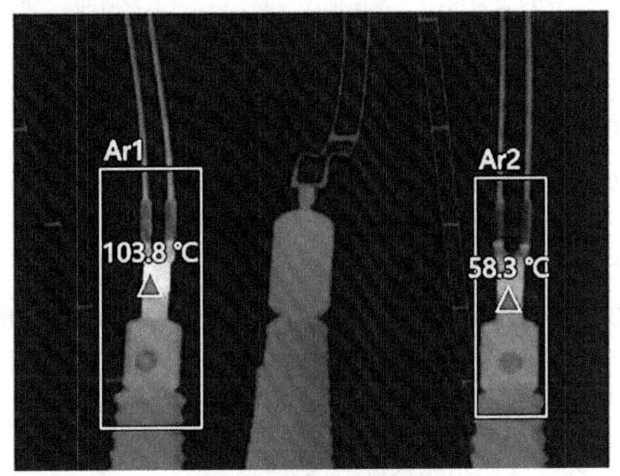

图6–2　红外缺陷标注案例

三、巡检数据存储管理

1.巡检数据格式要求

巡检数据格式应该满足以下几点要求：

①可见光照片格式应为jpg格式，分辨率不低于1920 × 1080；

②红外图谱格式应为jpg格式，分辨率不低于640 × 480；

③音频文件的格式应为wav格式，编码格式符合G711a标准或PCM编码；

④视频文件的格式应为mp4格式，编码格式符合H.264或H.265标准。

2.巡检数据归档要求

全套归档资料以电子资料的形式保存归档。归档数据应满足以下几点要求：

①按照区域、间隔、设备、部件归类展示巡检结果，每次巡检任务结果包含每个巡检点位的基本信息、采集数据及阈值；

②应具备巡检结果修正功能，修正值不应覆盖自动识别的原始数据；

③所有点位的巡检结果均确认后，记录审核人和审核时间。

3. 可见光图像资料存储管理

可见光图像应按照“电压等级＋变电站名称＋巡检点位”的形式命名，被判定为有缺陷或隐患的，应按照缺陷描述统一命名与登记。缺陷登记应包括运维单位、变电站名、电压等级、设备类别、缺陷描述、缺陷等级、发现时间、责任单位、处理意见、备注等（如表6–2所示）。

表6–2　缺陷登记表

编号	运维单位	变电站名	电压等级	设备类别	缺陷描述	缺陷等级	发现时间	责任单位	处理意见	备注
1		××变	500kV	避雷针						
2		××变	500kV	避雷器						
3		××变	500kV	电压互感器						
…										

对无人机巡检采集的全部图像及视频资料，以及分析判断出的缺陷图像及视频资料，进行统一保存并备份，存储按照规范化分级文件夹管理，保存期限为3年，示例如图6–3所示。

文件夹第一层：××变电站无人机巡检资料。

文件夹第二层：巡检时间。

文件夹第三层：××间隔无人机巡检资料，本次巡检缺陷照片。

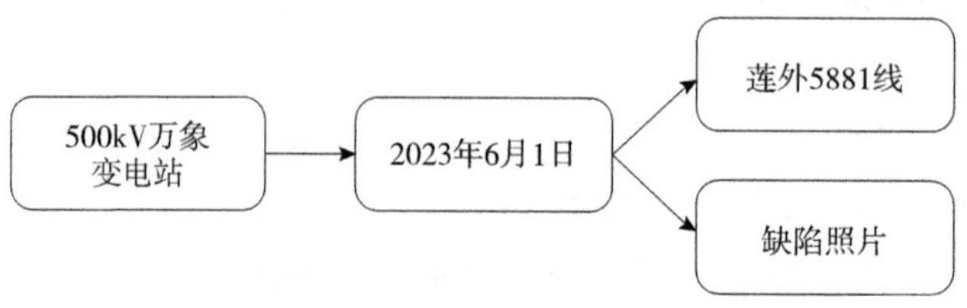

图6–3　可见光巡检图像归档示例

4. 红外巡检数据存储管理

参照可见光图像存储管理要求，红外巡检数据在第一层文件夹“××变电站无人机巡检资料”下按巡检时间、巡检间隔进行分类分级存储。将不需要编辑的红外图像另存为jpg格式图像，无缺陷图像参照可见光图像归档要求归档，缺陷图像参照可见光缺陷图像归档要求归档。在对应文件夹内保存原始红外位图数据，通常为is2文件格式，其将红外图像、辐射测量温度数据、可见光图像、语音附注等数据都整合到单个文件中，便于在红外图像专用软件中进行分析和修改。

第四节　巡检报告要求

无人机巡检报告应在数据处理完成后进行编制。报告主要内容包括巡检内容、作业概况、巡检计划及完成情况、存在问题、缺陷照片及清单、巡检设备明细表等。巡检报告具备查询、重置、导出、查看功能，待运维人员审核后，生成最终版报告，将巡检数据上传至上级系统。巡检报告导出文件格式应支持Word或Excel，巡检报告导出的同时导出高清巡检图片合集。

一、巡检报告组成

巡检报告应包括表头部分与详细巡检记录部分，表头数据应包含变电站名称、电压等级、变电站类型、巡检日期、巡检任务（巡检类型）、环境信息、巡检统计、审核人及审核结论；详细巡检记录数据应包括区域名称、间隔名称、设备名称、部件名称、点位名称、巡检结果、巡检点位状态、巡检点位缩略图+高清原图超链接。详细巡检记录优先展示异常点位汇总，再展示待人工确认点位汇总（经过审核的最终版巡检报告不包含此项），最后展示正常点位汇总。巡检报告示例见附录4。

二、历史数据

巡检数据具备按时间段、设备区域、设备类型、识别类型、表计类型选择及设备树模糊筛选等组合条件查询功能（查询条件可多选），生成设定区间内的历史数据曲线功能。巡检报告应具备通过变电站名称、间隔名称、巡检设备类型、巡检类型、巡检时间段等组合条件查询的功能。

三、生成报表

具备按查询结果生成分析报表功能，报表字段可自由选择。报表字段包括但不限于识别类型、点位名称、识别时间、设备区域、间隔名称、设备名称、设备类型、表计类型、审核结果、告警级别、采集信息、识别结果。

四、归档要求

根据变电站、巡检时间和巡检类型分类分级存储。巡检报告按照以下规范进行分级文件夹管理。

文件夹第一层：××变电站无人机巡检资料。

文件夹第二层：巡检时间-巡检类型-巡检报告。

附　录

附录1

附表 1　可见光典型缺陷

缺陷名称	缺陷描述
设备外部损坏	呼吸器油封破损
	导线断股
设备变形	电容器本体鼓肚
	膨胀器冲顶
	绝缘子变形
凝露	汇控柜观察窗凝露
表计破损	表盘模糊
	表盘破损
	外壳破损
绝缘子破损	绝缘子破裂
位置指示不正确	断路器分、合闸位置指示不正确，与当时的实际本体运行状态明显不相符
	断路器分、合闸位置指示不正确，与当时的实际本体运行状态明显不相符
风化露筋	构架形成大面积连续的风化露筋，纵向裂纹、横向裂纹，缝隙肉眼可见
变形	管母线伸缩节严重变形
渗漏油	地面油污
	部件表面油污
箱门闭合异常	箱门闭合异常
异物	挂空悬浮物
	鸟巢
表计读数异常	表计读数异常
油位状态	呼吸器油封油位异常
硅胶变色	硅胶变色
压板状态	压板合
	压板分
呼吸器破损	硅胶筒破损
倾斜	设备螺丝松动或其他原因导致倾斜
	构架相对于地面明显倾斜，已造成导线紧绷
渗油	设备有轻微渗油，未形成油滴
	设备表面有渗油油迹，未形成油滴
	非负压区渗油

附录2

附表 2　电流致热型设备缺陷诊断依据

设备类别和部位		热像特征	故障特征	缺陷性质		
				危急缺陷	严重缺陷	一般缺陷
电器设备与金属部件的连接	接头和线夹	以线夹和接头为中心的热像，热点明显	接触不良	热点温度＞110℃或 $\delta \geq 95\%$ 且热点温度＞80℃	80 ℃ ≤ 热点温度 ≤ 110 ℃ 或 $\delta \geq 80\%$ 但热点温度未达危急缺陷温度值	$\delta \geq 35\%$ 但热点温度未达严重缺陷温度值
金属部件与金属部件的连接	接头和线夹	以线夹和接头为中心的热像，热点明显	接触不良	热点温度＞130℃或 $\delta \geq 95\%$ 且热点温度＞90℃	90 ℃ ≤ 热点温度 ≤ 130 ℃ 或 $\delta \geq 80\%$ 但热点温度未达危急缺陷温度值	$\delta \geq 35\%$ 但热点温度未达严重缺陷温度值
金属导线		以导线为中心的热像，热点明显	松股、断股、老化或截面积不够	热点温度＞110℃或 $\delta \geq 95\%$ 且热点温度＞80℃	80 ℃ ≤ 热点温度 ≤ 110 ℃ 或 $\delta \geq 80\%$ 但热点温度未达危急缺陷温度值	$\delta \geq 35\%$ 但热点温度未达严重缺陷温度值
输电导线的连接器（耐张线、接续管、修补管、并沟线夹、跳线线夹、T 型线夹、设备线夹等）		以线夹和接头为中心的热像，热点明显	接触不良	热点温度＞130℃或 $\delta \geq 95\%$ 且热点温度＞90℃	90 ℃ ≤ 热点温度 ≤ 130 ℃ 或 $\delta \geq 80\%$ 但热点温度未达危急缺陷温度值	$\delta \geq 35\%$ 但热点温度未达严重缺陷温度值
隔离开关	转头	以转头为中心的热像	转头接触不良或断股	热点温度＞130℃或 $\delta \geq 95\%$ 且热点温度＞90℃	90 ℃ ≤ 热点温度 ≤ 130 ℃ 或 $\delta \geq 80\%$ 但热点温度未达危急缺陷温度值	$\delta \geq 35\%$ 但热点温度未达严重缺陷温度值
隔离开关	刀口	以刀口压接弹簧为中心的热像	弹簧压接不良	热点温度＞130℃或 $\delta \geq 95\%$ 且热点温度＞90℃	90 ℃ ≤ 热点温度 ≤ 130 ℃ 或 $\delta \geq 80\%$ 但热点温度未达危急缺陷温度值	$\delta \geq 35\%$ 但热点温度未达严重缺陷温度值
断路器	动静触头	以顶帽和下法兰为中心的热像，顶帽温度大于下法兰温度	压指压接不良	热点温度＞80℃或 $\delta \geq 95\%$ 且热点温度＞55℃	55 ℃ ≤ 热点温度 ≤ 80 ℃ 或 $\delta \geq 80\%$ 但热点温度未达危急缺陷温度值	$\delta \geq 35\%$ 但热点温度未达严重缺陷温度值
断路器	中间触头	以下法兰和顶帽为中心的热像，下法兰温度大于顶帽温度	压指压接不良	热点温度＞80℃或 $\delta \geq 95\%$ 且热点温度＞55℃	55 ℃ ≤ 热点温度 ≤ 80 ℃ 或 $\delta \geq 80\%$ 但热点温度未达危急缺陷温度值	$\delta \geq 35\%$ 但热点温度未达严重缺陷温度值

续表

设备类别和部位		热像特征	故障特征	缺陷性质		
				危急缺陷	严重缺陷	一般缺陷
电流互感器	内联结	以串并联出线头或大螺杆出线夹为最高温度的热像或以顶部铁帽发热为特征	螺杆接触不良	热点温度＞80℃或 $\delta\geq95\%$ 且热点温度＞55℃	55℃≤热点温度≤80℃或 $\delta\geq80\%$ 但热点温度未达危急缺陷温度值	$\delta\geq35\%$ 但热点温度未达严重缺陷温度值
套管	柱头	以套管顶部柱头为最热的热像	柱头内部并线压接不良	热点温度＞80℃或 $\delta\geq95\%$ 且热点温度＞55℃	55℃≤热点温度≤80℃或 $\delta\geq80\%$ 但热点温度未达危急缺陷温度值	$\delta\geq35\%$ 但热点温度未达严重缺陷温度值
电容器	熔丝	以熔丝中部靠电容侧为最热的热像	熔丝容量不够	热点温度＞80℃或 $\delta\geq95\%$ 且热点温度＞55℃	55℃≤热点温度≤80℃或 $\delta\geq80\%$ 但热点温度未达危急缺陷温度值	$\delta\geq35\%$ 但热点温度未达严重缺陷温度值
	熔丝座	以熔丝座为最热的热像	熔丝与熔丝座之间接触不良	热点温度＞80℃或 $\delta\geq95\%$ 且热点温度＞55℃	55℃≤热点温度≤80℃或 $\delta\geq80\%$ 但热点温度未达危急缺陷温度值	$\delta\geq35\%$ 但热点温度未达严重缺陷温度值
直流换流阀	电抗器	以铁芯表面过热为、特征	铁芯损耗异常	热点温度＞70℃（设计允许限值）	温差≥10K 60℃≤热点温度≤105℃	温差≥5K但热点温度未达严重缺陷温度值
变压器	箱体	以箱体局部表面过热为特征	漏磁环（涡）流现象	热点温度＞105℃	85℃≤热点温度≤105℃	$\delta\geq35\%$ 但热点温度未达严重缺陷温度值
干式变压器、接地变压器、串联电抗器、并联电抗器	铁芯	以铁芯局部表面过热为特征	铁芯局部短路	H级绝缘热点温度＞155℃； F级绝缘热点温度＞185℃	H级绝缘130℃≤热点温度≤155℃； F级绝缘140℃≤热点温度≤18℃	$\delta\geq35\%$ 但热点温度未达严重缺陷温度值
干式变压器、接地变压器、串联电抗器、并联电抗器	绕组	以绕组表面有局部过热或出线端子处过热为特征	绕组匝间短路或接头接触不良	H级绝缘热点温度＞155℃； F级绝缘热点温度＞185℃； 相间温差＞20℃	H级绝缘130℃≤热点温度≤155℃； F级绝缘140℃≤热点温度≤18℃； 相间温差＞10℃	$\delta\geq35\%$ 但热点温度未达严重缺陷温度值

注：相对温差计算公式为$\delta=\frac{\tau_1-\tau_2}{\tau_1}\times100\%=\frac{T_1-T_2}{T_1-T_0}\times100\%$，其中$\tau_1$、$T_1$为发热点的温升和温度，$\tau_2$、$T_2$为正常相对应点的温升和温度，$T_0$为被测设备区域环境温度。

附录3

附表 3 电压致热型设备缺陷诊断依据

设备类型		热像特征	故障特征	温差 K
电流互感器	10kV 浇注式	以本体为中心整体发热	铁芯短路或后放增大	4
	油浸式	瓷套整体温升增大且瓷套上部温度偏高	介质损耗偏大	2~3
电压互感器（含电容式电压互感器的互感器部分）	10kV 浇注式	以本体为中心整体发热	铁芯短路或局放增大	4
	油浸式	瓷套整体温升偏高，且中上部温度高	介质损耗偏大，匝间短路或铁芯损耗增大	2~3
耦合电容器	油浸式	整体温升偏高或局部发热，且发热自上而下逐步递减	介质损耗偏大，电容量变化、老化或局放	2~3
移相电容器		以本体上部为中心的热像图，正常热像最高温度一般在宽面垂直平分线的三分之二高度左右，其表面温升略高，整体发热或局部发热	介质损耗偏大，电容量变化、老化或局放	2~3
高压套管		套管整体发热	介质损耗偏大	2~3
		热像为对应部位呈现局部发热区故障	局部放电故障，油路或气路的堵塞	2~3
充油套管	绝缘子柱	以油面处为最高温度的热像，油面有一明显的水平分界线	缺油	
氧化锌避雷器		正常为整体轻微发热，分布均匀，热点一般靠近上部，多节组合从上到下各节温度递减，引起整体（或单节）发热或局部发热为异常	阀片受潮或老化	0.5~1
绝缘子	瓷绝缘子	正常绝缘子串的温度分布同电压分布规律，即呈现不对称的马鞍形，相邻绝缘子温差很小，以铁帽为发热中心的热像图，其比正常绝缘子温度高	低值绝缘子发热（绝缘电阻为 10~300MΩ）	1
		发热温度比正常绝缘子要低，热像特征与绝缘子相比呈暗色调	零值绝缘子发热（＜ 10MΩ）	0.5
		以瓷盘（或玻璃盘）为发热区的热像	表面污秽引起绝缘子泄漏，电流增大	0.5~1

续表

设备类型		热像特征	故障特征	温差 K
绝缘子	合成绝缘子	在绝缘良好和绝缘劣化的结合处出现局部过热，随着时间的延长，过热部位会移动	伞裙破损或芯棒受潮	0.5~1
		球头部位过热	球头部位松脱、进水	0.5~1
电缆终端		橡塑绝缘电缆半导电断口过热	内部可能有局部放电	5~10
		以整个电缆头为中心的热像	电缆头受潮、劣化或气隙	0.5~1
		以护层接地连接为中心的发动	接地不良	5~10
		伞裙局部区域过热	内部可能有局部放电	0.5~1
		根部有整体性过热	内部介质受潮或性能异常	0.5~1

附录4

附表 4　巡检报告表头数据表

名称	数据类型	说明	备注
变电站	string	变电站名称	
电压等级	string	变电站电压等级	220kV、500kV
变电站类别	string	变电站类型	AIS 站、GIS 站、HGIS 站
巡检日期	string	巡检日期	YYYY–MM–DD
巡检任务名称	string	巡检修任务名称	
环境信息	string	巡检当日环境信息	包括当日气温（℃）、气压（Kpa）、风速（m/s）等环境信息描述
巡检开始时间	string	开始时间	YYYY–MM–DD HH:MM:SS
巡检结束时间	string	结束时间	YYYY–MM–DD HH:MM:SS
巡检统计	string	巡检统计	包括本次巡检总点位数、完成点位数、异常点位数、待人工确认点位数等
审核人	string	审核人名称	
审核时间	string	报告审核时间	YYYY–MM–DD HH:MM:SS
巡检结论	string	巡检报告审核结论	填人工审核结论

附表 5 巡检报告巡检记录数据表

名称	数据类型	说明	备注
编号	int	编号	
区域	string	区域名称	
间隔	string	间隔名称	
设备	string	设备名称	
部件	string	部件名称	
点位	string	点位名称	
采集时间	string	采集时间	YYYY-MM-DD HH:MM:SS
巡检结果	string	巡检结果	识别结果描述，如“未见异常”“金属锈蚀”“0.64Mpa”等
点位状态	string	巡检点位状态	点位状态包括“正常”“异常”“待人工确认”三种状态： ①正常：图像识别无缺陷、设备状态识别及数值结果在正常阈值范围内； ②异常：图像识别有缺陷、设备状态识别及数值结果超出正常阈值范围； ③待人工确认：截图失败、分析失败等需要人工确认的点位（经过审核的最终版巡检报告不包含此状态）
巡检图像	string	巡检点位缩略图 + 高清原图超链接	缩略图展示采用带图像识别标注框的压缩图，并在缩略图下方附上高清原图（不含识别标注框）超链接，存在多张巡检图像的从上至下依次排列

附表 6　巡检报告示例表

<table>
<tr><td colspan="4">变电站</td><td colspan="2">220kV ×× 变</td><td colspan="2">电压等级</td><td colspan="2">220kV</td></tr>
<tr><td colspan="4">巡检日期</td><td colspan="2">2023-06-02</td><td colspan="2">变电站类别</td><td colspan="2">AIS 站</td></tr>
<tr><td colspan="4">巡检任务</td><td colspan="2">室内外场地例行巡检</td><td colspan="2">环境信息</td><td colspan="2">气温 31℃，气压 101 Kpa，风速 2m/s</td></tr>
<tr><td colspan="4">审核人</td><td colspan="2">张三</td><td colspan="2">审核时间</td><td colspan="2">2023-06-03 10:24:42</td></tr>
<tr><td colspan="4">巡检开始时间</td><td colspan="2">2023-06-02 16:43:10</td><td colspan="2">巡检结束时间</td><td colspan="2">2023-06-02 17:54:42</td></tr>
<tr><td colspan="4">巡检统计</td><td colspan="6">总点位 12000 个，已检点位 12000 个，未检点位 0 个，正常点位 11900 个，异常点位 50 个，待人工确认点位 50 个（经过审核的最终版巡检报告不包含此项统计）</td></tr>
<tr><td colspan="4">巡检结论</td><td colspan="6">1 号主变有载分接开关呼吸器硅胶全部变色，需要更换</td></tr>
<tr><td colspan="10">异常点位汇总</td></tr>
<tr><td>编号</td><td>区域</td><td>间隔</td><td>设备</td><td>部件</td><td>点位</td><td>采集时间</td><td>巡检结果</td><td>点位状态</td><td>巡检图像</td></tr>
<tr><td>1</td><td>主变区域</td><td>1 号主变</td><td>1 号主变有载分接开关本体</td><td>呼吸器</td><td>1 号主变有载分接开关呼吸器外观</td><td>2023-06-02 16:43:15</td><td>呼吸器硅胶变色</td><td>异常</td><td>70658-53421.jpg</td></tr>
<tr><td colspan="10">待人工确认点位汇总</td></tr>
<tr><td>编号</td><td>区域</td><td>间隔</td><td>设备</td><td>部件</td><td>点位</td><td>采集时间</td><td>结果</td><td>设备状态</td><td>巡检图像</td></tr>
<tr><td>1</td><td>电容器场地</td><td>3 号电容器</td><td>3 号电容器 B 相避雷器</td><td>本体</td><td>B 相泄漏电流</td><td>2023-06-02 16:45:10</td><td>分析失败</td><td>待人工确认</td><td>71053-53525.jpg</td></tr>
</table>

续表

正常点位汇总									
编号	区域	间隔	设备	部件	点位	采集时间	结果	设备状态	巡检图像
1	主变区域	1 号主变	1 号主变 A 相套管	套管油位表计	套管油位表计液位	2023-06-02 16:46:10	未见异常	正常	70688-53431.jpg
2	220kV 场地	220kV 母联	220kV 母联开关	本体	220kV 母联开关 SF_6 气体压力	2023-06-02 17:05:10	0.73Mpa	正常	70758-53461.jpg
3	220kV 场地	1 号主变	1 号主变 220kV 侧 B 相避雷器	本体	A 相避雷器泄漏电流	2023-06-02 17:06:10	0.6mA	正常	71056-53515.jpg
4	主变区域	1 号主变	1 号主变 A 相避雷器	均压环	避雷器均压环外观	2023-06-02 17:23:10	未见异常	正常	72428-53836.jpg

参考书目

[1] 国家能源局.带电设备红外诊断应用规范[M].北京:中国电力出版社，2017.

[2] EPTC无人机技术工作组.电力行业无人机巡检标准作业方法[M].北京:中国水利水电出版社，2021.

[3] 中国电力企业联合会技能鉴定与教育培训中心，中电联人才测评中心有限公司.电力行业无人机巡检作业人员培训考核规范[M].北京：中国电力出版社，2020.

[4] EPTC无人机技术工作组.配电网无人机技术应用发展报告[M].北京:中国水利水电出版社，2020.

[5] 王剑，刘俍.电力行业无人机巡检作业人员培训考核规范（T/CEC 193-2018）辅导教材[M].北京：中国电力出版社，2020.

[6] 彭炽刚，李雄.无人机电力巡视培训教材[M].北京：中国电力出版社，2020.

[7] 杨杰，王坚俊.变电站无人机巡检[M].北京：中国电力出版社，2023.